Juan Geronimo Villarreal Montoya

Qualidade de energia elétrica e micro-rede

Juan Geronimo Villarreal Montoya

Qualidade de energia elétrica e micro-rede

Avaliação da qualidade de energia em uma micro-rede usando simulação em tempo real

ScienciaScripts

Imprint

Cover image: www.ingimage.com

Este livro é uma tradução do original publicado sob ISBN 978-620-3-03650-3.

Publisher:
Sciencia Scripts
is a trademark of
International Book Market Service Ltd., member of OmniScriptum Publishing Group
17 Meldrum Street, Beau Bassin 71504, Mauritius
Printed at: see last page
ISBN: 978-620-3-38016-3

DEDICAÇÃO

Aos meus pais Antonio José Villarreal e Carmenza Lucía Montoya por me terem ajudado ao longo da minha carreira universitária e na construção desta tese.

Aos meus irmãos Juan Pablo, Juan José e Juan Esteban por serem grandes exemplos e por me darem sempre o seu apoio e ajuda incondicional.

À Valeria Rentería pelo seu apoio incondicional e por me encher de alegria durante a conclusão deste trabalho de licenciatura.

AGRADECIMENTOS

Agradecimentos especiais aos professores Eduardo Marlés Sáenz e Eduardo Gómez Luna pela direcção e supervisão deste trabalho de licenciatura, mas sobretudo pela motivação e apoio prestados ao longo de todo o trabalho, apesar dos obstáculos apresentados.

Aos engenheiros Leinyker Palacios e Jorge de la Cruz que, pela sua própria disposição, colaboraram e apoiaram na realização deste trabalho de graduação.

A Juan Yela, Juan Guardiola e María Isabel Carvajal membros do grupo de investigação por sempre sugerirem, ajudarem e partilharem ideias para melhorar este trabalho de licenciatura.

À Universidad del Valle e à empresa PTI S.A. por fornecer o espaço de laboratório em tempo real e ao engenheiro de apoio da PTI S.A. Juan Carlos Serna pela sua colaboração no desenvolvimento deste trabalho de licenciatura.

SÍNTESE

Este trabalho avalia o impacto na qualidade da energia eléctrica produzida pela interligação de uma micro-rede a um sistema de distribuição. O Matlab e a simulação em tempo real foram utilizados como ferramentas para realizar o estudo, aplicando as normas nacionais e internacionais de qualidade de energia IEEE 1547 de 2018, IEEE 519 de 2014 e NTC 5001 de 2008.

O procedimento e metodologia utilizados para o estudo da micro-rede tem valor de referência para a avaliação da qualidade de energia das micro-rede no futuro. Isto, tendo em conta que é necessário realizar um estudo de qualidade de energia para avaliar as condições da rede eléctrica antes da interligação da geração distribuída ou micro redes que introduzem um novo desafio na manutenção da rede em condições óptimas de funcionamento.

Os fenómenos de harmónicos de tensão, harmónicos de corrente, *oscilação* e injecção DC são avaliados num estudo de caso de micro-rede. Os resultados mostram que a interligação da micro-rede produz um impacto elevado sobre os harmónicos de corrente e a injecção DC do sistema de distribuição local, enquanto que os fenómenos de *oscilação* e harmónicos de tensão tiveram um impacto menor.

Palavras-chave: Qualidade de energia eléctrica (EPC), Micro Grade (MR), Simulação em Tempo Real (RTMS), harmónicos de tensão, harmónicos de corrente, cintilação e injecção DC.

CONTEÚDO

INTRODUÇÃO

Actualmente, os sistemas de geração são constituídos por fontes de energia convencionais. Na Colômbia, as principais fontes de energia são: energia hidroeléctrica com 69%, seguida do carvão com 10%, gás 10%, ACPM 7% e outras fontes de energia não convencionais 4%, [1].

Por razões de impacto ambiental e de custos a longo prazo, o mundo está a fazer uma transição dos sistemas energéticos convencionais para as energias renováveis. A Colômbia, através do Acordo de Paris, comprometeu-se a reduzir as suas emissões de gases com efeito de estufa em 20% até 2030, o que torna necessário começar a cobrir a procura de energia integrando as energias renováveis nos sistemas convencionais e contribuindo assim substancialmente para o compromisso do país [2].

O custo das energias renováveis está a diminuir globalmente - especialmente para a energia solar e eólica - o que tem mostrado um crescimento exponencial na integração destas fontes de energia [3]. Este tipo de energia, chamada não convencional, tem geralmente a característica de ser um ponto de geração mais próximo do ponto de consumo em comparação com as fontes de energia convencionais, quando têm esta característica são chamadas Geração Distribuída (DG) [4]-[8].

Em países com elevada penetração da DG, como os Países Baixos, Alemanha e Itália, começaram a ocorrer problemas como apagões indesejados e regulamentação harmónica excessiva na rede [9]-[11]. Daí a necessidade de estudar os fenómenos e perturbações que surgem na rede de distribuição eléctrica quando os sistemas da DG são incorporados.

Por outras palavras, uma inserção elevada da DG resulta numa Qualidade de Energia Eléctrica (EQ) inaceitável [12]-[14]. O CPE é um conjunto de qualificadores de fenómenos inerentes à forma de onda de tensão e corrente. Uma qualidade de energia inaceitável refere-se aos eventos que alteram a tensão e afectam o fornecimento eléctrico aos consumidores: interrupções de serviço, danos no equipamento electrónico, tropeços indesejados de protecções, paragens não programadas da produção, entre outros.

Se a DG tiver de ser ligada à rede principal, é necessário cumprir a norma IEEE Std 1547 de 2018 para obter uma interligação adequada da DG [15]. Neste grau de trabalho, as recomendações e requisitos desta norma são importantes para medir correctamente os parâmetros de qualidade de energia.

Agora, nos últimos anos, a fim de melhorar a eficiência e fiabilidade nas redes eléctricas, foram acrescentados à DG dispositivos de armazenamento e controlo inteligente. Desde 2002, este conjunto de elementos tem sido chamado "Micro Grade (MR)" e é o campo de acção do presente trabalho [16]-[20].

As micro redes (MRs) têm sido bem recebidas no sector da electricidade por oferecerem três benefícios fundamentais: 1) aumento da eficiência energética através da utilização de fontes de produção distribuídas, 2) redução do impacto ambiental da produção de energia eléctrica e térmica e 3) melhoria da fiabilidade da energia eléctrica, contudo, a sua implementação cria um novo desafio para manter o CPE da rede em condições óptimas de funcionamento [17], [21].

Neste trabalho de grau, é feito um estudo do impacto sobre o CPE ao interligar um MR à rede de distribuição, tendo em conta as normas de qualidade indicadas na IEEE Std 1547 de 2018 e IEEE Std 519 de 2014 e NTC 5001 de 2008, [15], [22], [23].

A simulação em tempo real (RTMS) e MATLAB foram utilizadas para realizar o estudo. O SimTR permitiu executar simulações de um RM de forma simples e rápida e exportar os dados de tensão e corrente para o MATLAB, onde foi realizada uma análise detalhada dos dados para calcular os índices de CPE do RM.

O objectivo geral deste trabalho era estudar o impacto na qualidade de energia da rede de distribuição produzida pela interligação de uma micro-rede utilizando simulação em tempo real. A fim de cumprir o objectivo geral, foram propostos 4 objectivos específicos: 1) seleccionar os fenómenos mais relevantes da qualidade da energia eléctrica na integração de micro redes de distribuição eléctrica, 2) seleccionar um estudo de caso de uma micro-rede para avaliar a qualidade da energia eléctrica, 3) simular as condições iniciais de funcionamento do modelo de micro-rede utilizando simulação em tempo real e 4) avaliar os efeitos da qualidade da energia eléctrica na micro-rede seleccionada utilizando simulação em tempo real. Cada capítulo deste trabalho de graduação apresenta o cumprimento de um objectivo específico.

O documento foi distribuído da seguinte forma: o capítulo 1 descreve os conceitos de RM e FPC e define os fenómenos de FPC mais importantes na integração de RM, o capítulo 2 apresenta o RM seleccionado como um estudo de caso e o conceito de SimTR, o capítulo 3 mostra o procedimento de simulação, os cenários simulados e os resultados obtidos da simulação, o capítulo 4 mostra a interpretação e discussão dos resultados e uma avaliação dos efeitos de FPC no RM seleccionado, finalmente o capítulo 5 apresenta as conclusões, os resultados e o trabalho futuro que deixaram a realização deste trabalho de graduação.

MICRO-REDES E QUALIDADE DE ENERGIA

1.1 INTRODUÇÃO

Neste capítulo, são apresentados os conceitos de RM e SSC, a fim de introduzir o leitor ao tema deste trabalho de graduação. Na primeira parte, é mostrada a transição do sistema de geração convencional para a rede de geração inteligente em pequena escala, a RM. Por outro lado, este capítulo mostra também os fenómenos EPC mais relevantes antes da integração dos RM na rede de distribuição, apoiando-se directamente nas normas nacionais e internacionais que serão estudadas neste trabalho de graduação.

A maioria do território colombiano tem sistemas de energia convencionais, nomeadamente sistemas cujo fluxo de energia ocorre num sentido do lado do gerador para o lado do consumidor. O sistema energético convencional é caracterizado porque os pontos de geração estão localizados longe dos centros de consumo e incluem fontes de energia síncrona, tais como hidráulica e térmica [1]. Figura 0.1representa o esquema de um sistema de energia convencional descrito acima.

Figura 0.1. Sistema de energia convencional, fluxo de energia numa direcção.

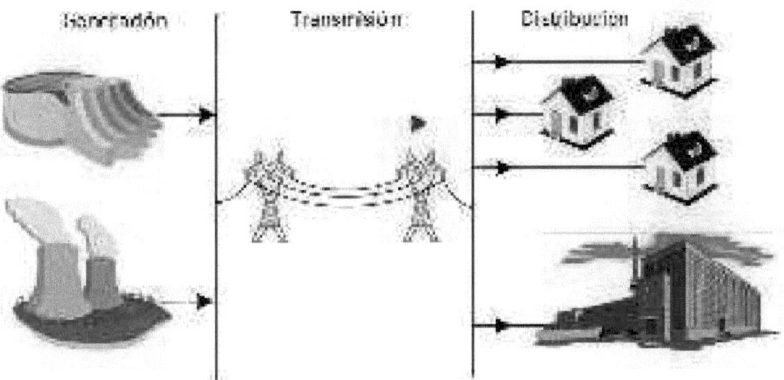

Fonte: Própria: Próprio.

O mundo encontra-se actualmente numa transição para a integração das energias renováveis, especialmente solar e eólica. As energias renováveis têm vindo a crescer exponencialmente desde 2001. Em 2012, as adições de capacidade instalada de energias renováveis excederam as de energias não renováveis. O Figura 0.2apoia a informação acima e foi retirada da Agência Internacional para as Energias Renováveis (IRENA) [3].

Figura 0.2. Adições de capacidade instalada de energia renovável e não-renovável.

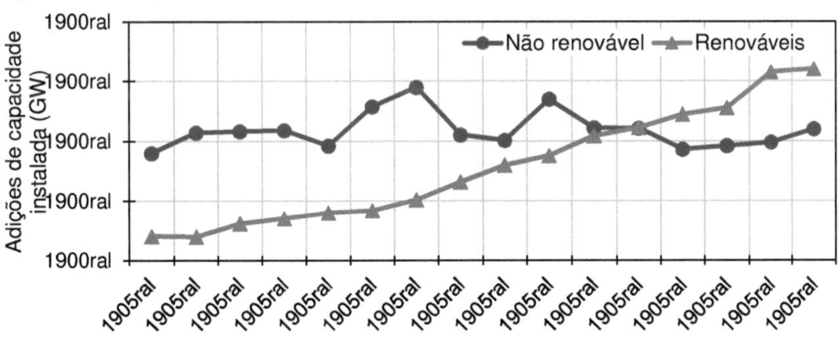

Fonte: [3].

Quando as energias renováveis são geradores de pequena escala cujo ponto de geração está próximo do ponto de consumo, são chamados geração distribuída (DG), [4]. A incorporação da DG faz aparecer fluxos de energia bidireccionais no sistema, o que cria grandes desafios em termos de medição e comercialização de energia eléctrica. A Figura 0.3 mostra o esquema de um sistema de energia convencional ao qual a DG é adicionada e, portanto, apresenta fluxos de energia bidireccionais.

Figura 0.3. Sistema de potência convencional com incorporação da DG

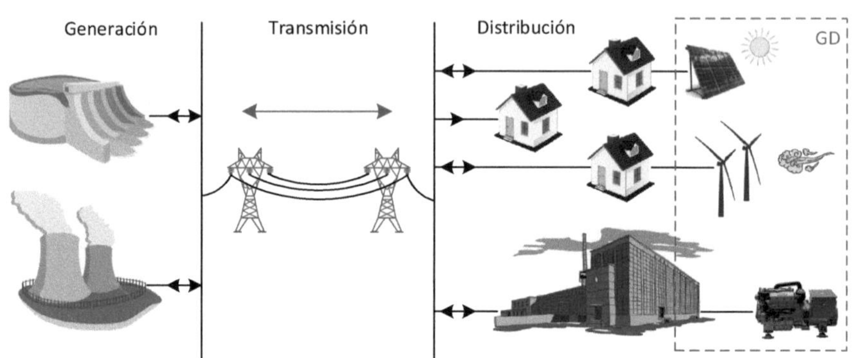

Fonte: Própria: Próprio.

Para melhorar a fiabilidade, eficiência e resiliência da rede eléctrica com a DG, os sistemas de energia começam a adoptar tecnologias tais como dispositivos de armazenamento, normalmente bancos de baterias, e sistemas de controlo informático. Este novo tipo de grelha chama-se Micro Grelha [17].

A Figura 0.4o esquema de um MR e dos seus componentes integrados numa rede eléctrica convencional [24].

Figura 0.4. Sistema de energia convencional com DG e um MR.

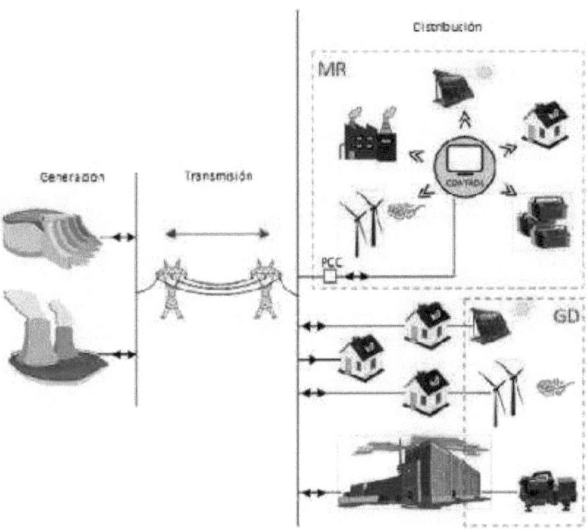

Fonte: Próprio

Nos últimos anos, o CPE das redes de distribuição, devido à incorporação de RMs, tornou-se uma preocupação devido à quantidade de harmónicos que introduzem na rede, a principal causa disto é a injecção de energia eléctrica de fontes intermitentes e a crescente utilização de conversores electrónicos de energia, normalmente utilizados para integrar energias renováveis no sistema de energia eléctrica [9]-[14].

A qualidade de energia nos RMs deve ser avaliada para verificar o desempenho eléctrico do RM para determinar a viabilidade da sua ligação ao sistema de energia. O estudo da qualidade de energia ajuda a resolver os problemas de falta de energia, estabilidade de tensão e qualidade do sinal que ocorrem regularmente nos RMs [25], [26].

Para desenvolver este trabalho, é necessário definir os conceitos de CPE e MR, e mostrar as particularidades dos dois temas em conjunto. Além disso, é de especial interesse para este trabalho de graduação, estudar os regulamentos correspondentes à qualidade de energia antes da interligação da DG, a IEEE Std 519 de 2014 e a NTC 5001 de 2008 respectivamente [22], [23].

Em seguida, na secção 1.2 é feita uma descrição das micro-redes e em 1.3 o conceito de EPC é definido e alargado, em 1.4 é mostrado como EPC e RMs estão relacionados e finalmente em 1.5 são mostrados os regulamentos que se aplicam aos RMs.

1.2 DESCRIÇÃO DAS MICRO-REDE

RM é uma solução tecnológica que surge para melhorar a fiabilidade, segurança e resiliência das actuais redes eléctricas, aumentando a eficiência da DG e minimizando as perdas do sistema [21].

Segundo vários autores, a micro-rede pode ser definida como: "uma rede local que é composta por DG, sistemas de armazenamento e cargas controláveis que podem operar interligados ou isolados da rede de distribuição principal" [17]-[20].

A Figura 0.5mostra o esquema geral de um RM, ilustrando os seus principais componentes: tecnologias de geração a partir de fontes renováveis (solar e eólica), dispositivos de armazenamento (banco de baterias) e cargas controláveis. É importante notar a presença do ponto de ligação comum (CCP) do RM que permite desligar o RM da rede principal, fazendo-o funcionar em modo isolado.

1.2.1 Componentes de uma micro-rede . Os principais componentes de uma micro-rede são a DG, o sistema de armazenamento e controlo. A seguir, são apresentados em pormenor os principais componentes de uma micro-rede [27].

Figura 0.5. Diagrama geral de uma micro-rede

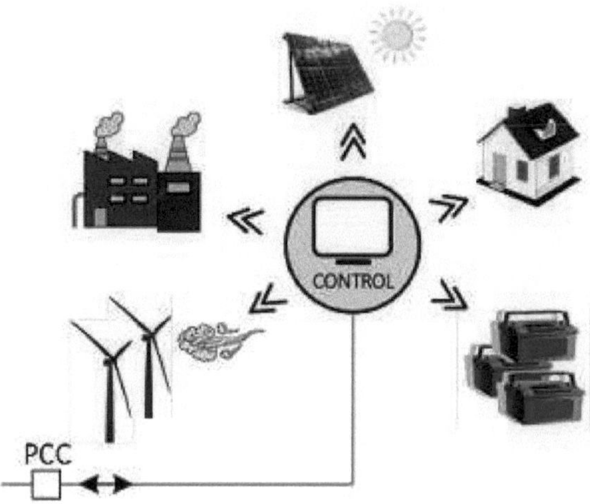

Fonte: Próprio

1.2.1.1 Geração distribuída. A DG é um conceito que associa qualquer tipo de geração cuja característica é a sua proximidade do ponto de consumo do que as grandes fontes de geração convencionais. Actualmente, a DG é um conceito que visa o desenvolvimento sustentável da energia eléctrica e, portanto, as suas fontes de geração são regularmente renováveis e amigas do ambiente.

Na Colômbia, a resolução CREG 030 de 2018 definiu a produção distribuída como "Entidade legal que gera energia eléctrica perto dos centros de consumo, e está ligada ao sistema de distribuição local e com potência instalada inferior ou igual a 0,1 MW", deve ser esclarecido que a resolução acima referida não requer o desenvolvimento de um estudo de ligação e menos um estudo de qualidade de energia para a interligação à rede, [28].

Entre as tecnologias mais comummente utilizadas na DG encontram-se a fotovoltaica, eólica, microturbinas, e motores de combustão interna com geradores. A figura 0.6 mostra imagens de tecnologias da DG comummente utilizadas em todo o mundo.

Figura 0.6. DG tecnologias. (a) Microturbinas com recuperação de calor, (b) painéis fotovoltaicos e (c) turbinas eólicas.

Fonte: [27]

1.2.1.2 Armazenamento. Os dispositivos de armazenamento melhoram o desempenho global de toda a micro-rede de três maneiras. Primeiro, permitem uma saída constante e estável de energia eléctrica e estabilizam a micro-rede global, segundo, fornecem a capacidade de resposta da micro-rede às variações dinâmicas da energia primária, e terceiro, permitem que a DG funcione sem interrupção como uma unidade despachável.

O armazenamento é utilizado principalmente porque a geração e as cargas não podem ser exactamente as mesmas. A capacidade de armazenamento é definida em termos do tempo que a capacidade de energia nominal pode cobrir a potência nominal na carga.

Existem várias formas de armazenamento utilizadas em micro redes, tais como bancos de baterias, supercapacitores, e volantes de voo. A figura abaixo mostra um banco de baterias que armazena energia sob a forma de energia química.

Figura 0.7. Grande banco de baterias de chumbo-ácido.

Fonte: [27]

Na Colômbia, a Resolução CREG-127 de 2018 define os processos para as pessoas interessadas instalarem sistemas de armazenamento no sistema nacional interligado. Nesta resolução definem o sistema de armazenamento de energia eléctrica através de baterias como "a instalação de grupos de baterias, que é utilizada para o armazenamento temporário de energia eléctrica e a sua posterior entrega ao sistema". Inclui também o sistema de medição e o equipamento de corte e protecção", [29].

1.2.1.3 Sistema de controlo. O controlo de uma micro-rede é concebido para o funcionamento seguro do sistema, quer em modo autónomo, quer ligado à rede. Quando a rede convencional é desligada, o sistema deve controlar a tensão e frequência locais, fornecendo a diferença de potência real e reactiva entre a geração e as cargas, protegendo a micro-rede internamente.

O controlo sobre micro redes é classificado como centralizado ou descentralizado de acordo com a forma como as decisões de operação da DG são tomadas.

No controlo centralizado, o operador da micro-rede toma as decisões sobre o funcionamento da DG ao nível do controlador, enquanto que, no controlo descentralizado, há vários agentes que tomam as suas decisões individualmente, fornecendo informações locais e interagindo com os outros agentes a fim de alcançar os objectivos globais, [27].

1.2.2 Benefícios, barreiras e desafios das micro-redes . Seguem-se os principais benefícios, barreiras e desafios da interligação de RMs ao sistema de distribuição.

1.2.2.1 Benefícios. Os RM oferecem múltiplos benefícios ao sistema: redução de perdas, pico de fornecimento, fontes de elevada fiabilidade para sistemas não-interruptíveis, redução das emissões de poluentes atmosféricos, geração de backup do sistema em caso de emergência e maior eficiência, [8], [30].

1.2.2.2 Barreiras. Dados os múltiplos benefícios oferecidos pela micro-rede, é normal pensar que existe um crescimento mais acelerado desta tecnologia do que tem sido apresentado até agora, no entanto, as micro-rede enfrentam hoje numerosas barreiras relacionadas com os aspectos técnicos e jurídicos, [8].

Quanto ao aspecto técnico, a falta de conhecimento é a principal barreira, uma vez que se trata de um campo ainda em desenvolvimento e há poucas pessoas que tenham experiência neste tipo de tecnologia. A percepção de riscos tecnológicos na instalação e operação torna este tipo de projectos pouco atractivos para os investidores.

Em termos de aspectos legais, a Lei 1715 de 2014 promove a utilização de fontes de energia não convencionais, no entanto, não abrange as RM como um todo, pelo que existe uma falta de políticas que incentivem a integração ou investigação das RM de uma forma abrangente.

Finalmente, em termos económicos, os RM têm um custo de investimento inicial elevado e não é pago a curto prazo, ou seja, existe uma restrição económica significativa para a implementação de projectos desta magnitude. Como exemplo do elevado custo inicial, para fornecer energia a uma população de 450 pessoas, a partir de uma RM que integra a geração solar e eólica, é necessário um investimento de aproximadamente 500.000 USD - caso Huatacondo no Chile.

1.2.2.3 Desafios das micro-redes. Com o crescimento desta nova tecnologia, surge a seguinte questão: Quais são os desafios das redes eléctricas modernas? O MR é uma rede eléctrica complexa de pequena escala, as suas alterações climáticas imprevisíveis fazem com que as suas fontes de energia renováveis exijam a consideração de parâmetros complexos e um sistema de controlo fiável para regular o fluxo de energia, tensão e frequência.

A figura seguinte apresenta um quadro que resume os principais desafios que os RMs trazem.

Figura 0.8. Principais desafios dos RMs.

Calidad de potencia

- Alto nivel de ármonicos
- Alta inyección DC de la corriente
- Recuperación del sistema frente a oscilaciones.

Estabilidad

- Compensadores estáticos para distribución (D-STATCOM)

Protección, control y comunicaciones

- Arquitecturas de control jerárquicas
- Protecciones adaptativas
- Equipos multifuncionales para administración de red

Gestión de energía

- Software de gestión de energía inteligente

Fonte: própria.

Como campo de acção e estudo para este trabalho de graduação, será abordado o desafio da qualidade da energia, onde se pretende estudar e avaliar o impacto na tensão e corrente causada pela interligação de um MR à rede de distribuição eléctrica.

No ponto 1.3seguinte, a secção 1.3irá expandir o conceito de qualidade de energia, concentrando-se nos problemas de qualidade de energia causados pela DG e RM.

1.3 QUALIDADE DA ENERGIA ELÉCTRICA

O CPE estuda os problemas que alteram a tensão da rede e afectam o fornecimento de energia eléctrica aos consumidores. A Comissão de Regulação de Energia e Gás (CREG) 017 de 2005 define a qualidade da energia eléctrica como "*um conjunto de qualificadores de fenómenos inerentes à forma de onda de tensão, que permitem julgar o valor dos desvios da tensão instantânea em relação à sua forma e frequência padrão, bem como o efeito que tais desvios podem ter sobre o equipamento eléctrico ou outros sistemas*" [31].

Segundo [26] existem muitos problemas de CPE, no entanto, alguns problemas são de maior importância do que outros, pois são os mais frequentes e têm o maior impacto na rede eléctrica.

Uma vez que existem problemas de qualidade de energia de maior relevância do que outros, este trabalho decide concentrar o seu estudo de CPE apenas nos fenómenos que representam maior importância quando se interligam RMs ao Sistema de Distribuição Local (LDS). A fim de seleccionar correctamente os fenómenos de CPE a serem estudados neste trabalho, foram estabelecidos três critérios de selecção.

1. Fazer um elevado número de estudos sobre o fenómeno antes da interligação de uma DG ou de uma RM.

Dentro da literatura revista [9], [32]-[34], verificou-se que o fenómeno com mais publicações e estudos realizados é harmónico. Os estudos mencionam a importância de avaliar este fenómeno dado o impacto produzido pela interconexão da DG. Outro segundo fenómeno evidenciado, mas com menos prática, é o fenómeno da *cintilação* que está associado às flutuações de voltagem [35].

2. De acordo com a literatura, que o fenómeno ocorre frequentemente face à interligação de uma RM.

Segundo [36], quando os MRs estão interligados ao sistema eléctrico, certos problemas de qualidade de energia tornam-se mais evidentes. Entre os problemas mais evidentes, são mencionados harmónicos, flutuações de tensão (*cintilação*), quedas de tensão, sobretensões e fenómenos de sobrecorrente. Estes fenómenos são mais frequentes nas redes eléctricas contendo MRs.

3. O fenómeno é exigido por uma norma nacional ou internacional.

Finalmente, a IEEE Std 1547 de 2018, [15], estabelece os fenómenos de CPE que devem ser avaliados antes da interligação dos recursos energéticos distribuídos, tais como os contidos numa RM. Esta norma estabelece que os limites de qualidade de energia para a injecção de corrente contínua, *cintilação* e fenómenos harmónicos devem ser avaliados.

Portanto, com base nos três critérios estabelecidos, os fenómenos FPC seleccionados para estudar neste trabalho de graduação são:

- Injecção de corrente contínua
- *Flicker*
- Harmónicas

Com base no guia de aplicação da IEEE Std 1547.2 de 2008 [37], a informação de cada fenómeno é expandida e apresentada abaixo. Vale a pena mencionar que o ponto de medição para cada um destes fenómenos é o PCC.

1.3.1 Injecção de corrente contínua. A injecção de corrente contínua por DG produz um desvio na forma de onda de tensão. Estes pequenos valores DC podem saturar significativamente os componentes magnéticos do sistema, tais como o núcleo dos transformadores de distribuição. A saturação, por sua vez, provoca a injecção de harmónicos de corrente no sistema eléctrico, o que pode fazer com que os limites harmónicos necessários sejam ultrapassados.

Existem também outros efeitos, menos críticos, devido à saturação, tais como o aquecimento de componentes magnéticos, o ruído audível e a procura de energia reactiva. A Figura 0.9mostra o espectro da componente de corrente de excitação de um transformador de distribuição com 1% de injecção DC. É importante notar que a saturação do transformador devido à injecção DC aumenta a magnitude dos harmónicos de ordem par e ímpar, sendo os harmónicos de ordem par especialmente prejudiciais para o sistema eléctrico.

Figura 0.9. Espectro harmónico de corrente de excitação para um transformador de distribuição típico com 1% de injecção DC.

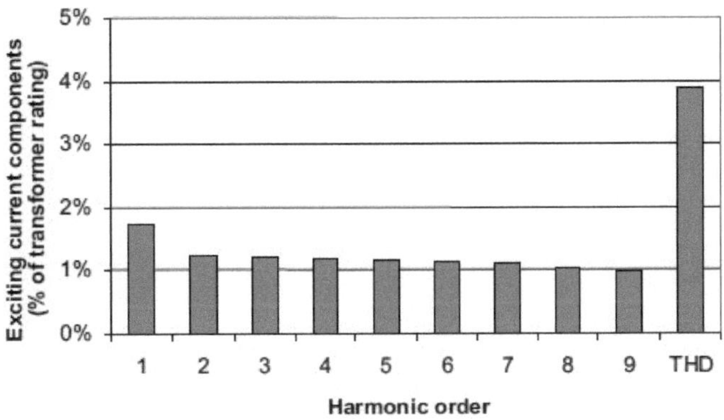

Fonte: [37]

1.3.2 Cintilação. As flutuações de tensão são perturbações na rede que ocorrem normalmente devido a mudanças instantâneas na saída da DG ou ao arranque de grandes motores eléctricos (por exemplo, o gerador de indução utilizado nas turbinas eólicas). Quando as flutuações de tensão provocam alterações de luz notáveis nas saídas das luminárias incandescentes, o fenómeno chama-se *cintilação*.

NTC 5001 de 2008 [23] descreve a *cintilação* como o efeito produzido na percepção visual humana por uma emissão de luz variável devido à iluminação sujeita a flutuações na tensão de alimentação de baixa tensão. *A cintilação* é geralmente causada por variações repetitivas de voltagem causadas por certas cargas industriais, tais como grandes motores, máquinas de soldadura, fornos de aço, etc.

A *cintilação* causada pela DG pode ocorrer em qualquer sistema de distribuição radial e o seu risco deve ser avaliado para qualquer tipo de sistema de distribuição, se um gerador começar a flutuar a sua produção frequentemente, as flutuações nas cargas de iluminação podem ser perceptíveis para o cliente. Por conseguinte, é importante avaliar este fenómeno ao interligar RMs ao sistema de distribuição [15], [37]. A Figura 0.10 mostra a forma de onda típica das flutuações de tensão que normalmente causam a ocorrência do fenómeno da *cintilação.*

Figura 0.10. Forma de onda típica das flutuações de tensão.

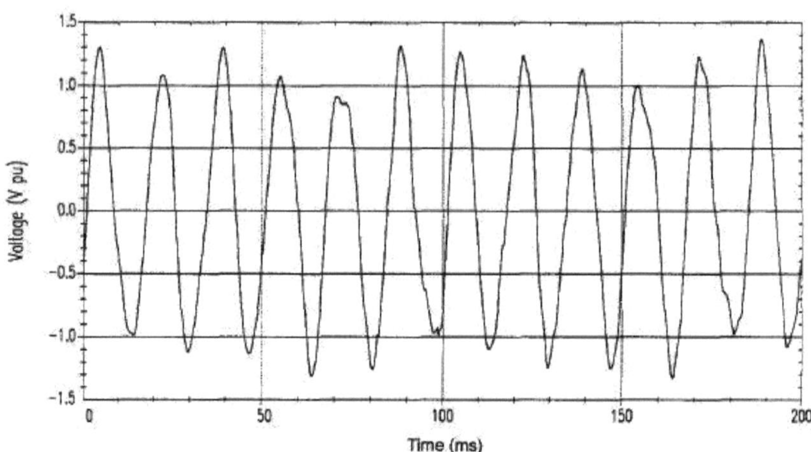

Fonte: [38].

1.3.3 Harmónicos. As harmónicas são causadas por cargas não lineares no sistema de distribuição eléctrica. As cargas não lineares são elementos de um circuito em que a corrente não está proporcionalmente relacionada com a tensão. Estes dispositivos produzem uma forma de onda de corrente não sinusoidal quando energizados com uma tensão de onda sinusoidal perfeita [26].

As cargas não lineares incluem: inversores, rectificadores, transformadores de distribuição e potência, computadores, televisores, fornos de indução, carregadores de bateria, fornos de microondas, iluminação LED, entre outros.

As harmónicas tornaram-se uma questão de preocupação para os RM devido aos conversores electrónicos de energia que são essenciais para interligar a DG ao sistema de energia. Estes harmónicos afectam o CPE da rede e podem causar danos, perda ou mau funcionamento do sistema eléctrico ou do seu equipamento, como é o caso dos contrafortes motores. [39]

Para avaliar o nível de harmónicos de um sistema, podem ser medidos vários índices: a distorção harmónica total (THD) que pode ser tensão (THDv) ou corrente (THDi), a distorção da procura total (TDD) que se aplica especialmente para o caso da corrente e a distorção nominal total (TRD) que também se aplica para o caso da corrente. Figura 0.11mostra a forma de onda de um sinal distorcido e os seus harmónicos de terceira e quinta ordem.

Figura 0.1112. Sinal de tensão distorcido. Sinal de voltagem (vermelho); harmónico fundamental (verde) e terceiro harmónico (laranja).

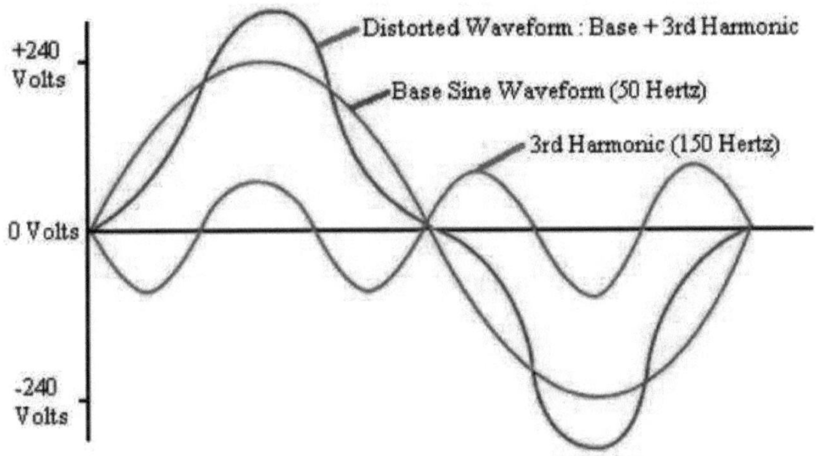

Fonte: [40]

1.4 QUALIDADE DE ENERGIA EM MICRO GRELHAS

Segundo [21], os problemas de CPE das RMs são muito mais graves do que os das redes tradicionais devido à intermitência e diversidade das fontes de geração distribuídas.

De acordo com [36] em comparação com as redes tradicionais, os RM possuem as seguintes características de CPE, mais obviamente.

- Harmónicos devido a cargas não lineares, transformadores de distribuição, armazenamentos de energia, conversores.
- O controlo e a filtragem são tornados mais complexos pelos fluxos bidireccionais.
- As flutuações de tensão e quedas de tensão ocorrem frequentemente.
- Os fenómenos de sobretensão e sobrecorrente são mais frequentes nas micro-redes do que nas redes tradicionais.

1.5 NORMAS E REGULAMENTAÇÃO

Um CPE adequado em micro-redes implica que cumpre as disposições da IEEE Std 519 de 2014 e NTC 5001 de 2008, [22], [23]. Estas normas estabelecem os requisitos de qualidade de energia que a rede eléctrica deve cumprir, e assim assegurar que a integração do MR no sistema de energia é correcta.

IEEE Std 519 de 2014 estabelece os limites de tensão e harmónicos de corrente permitidos no PCC. De acordo com os operadores de rede padrão, os harmónicos de tensão linha-a-neutro devem ser limitados da seguinte forma:

Quadro 0.1. Limites de distorção de tensão de acordo com IEEE Std 519-2014.

Tensão do nó V no PCC	Harmónica individual (%)	THDv (%) (*Distorção Harmónica Total*)
V ≤ 1.0 kV	5,0	8,0
1 kV < V ≤ 69 kV	3,0	5,0
69 kV < V ≤ 161 kV	1,5	2,5
161 kV < V	1,0	1,5

Fonte: [22]

A tabela 0.2 apresenta os limites de distorção da corrente para cada harmónico e para o índice de distorção da procura total TDD, cujo limite depende da corrente máxima de carga e da classificação de curto-circuito no ponto de ligação comum.

Quadro 0.2. Limites de distorção da corrente de acordo com a norma IEEE Std 519-2014.

Distorção máxima da corrente como uma percentagem da corrente de procura IL						
Ordem harmónica única (harmónicas ímpares)						
ISC/IL	3≤h<11	11≤h<17	17≤h<23	23≤h<35	35≤h<50	TDD
<20	4,0	2,0	1,5	0,6	0,3	5,0
20<50	7,0	3,5	2,5	1,0	0,5	8,0
50<100	10,0	4,5	4,0	1,5	0,7	12,0
100<1000	12,0	5,5	5,0	2,0	1,0	15,0
>1000	15,0	7,0	6,0	2,5	1,4	20,0

Continuação do quadro 1.2

Fonte: [22]

A tabela 0.3 mostra os limites exigidos para o fenómeno de cintilação pelo IEEE Std 1453 de 2015, [41]. A tabela 0.4 mostra os limites necessários para a injecção de corrente contínua por IEEE Std 1547 de 2018, [15].

Quadro 0.3. Limite de emissão de cintilação de acordo com a norma IEEE Std 1453-2015.

EPst	EPlt
0,8	0,6

Fonte: [41]

Quadro 0.4. Limites máximos de injecção de corrente contínua de acordo com IEEE Std 1547-2018.

Injecção de corrente contínua
Deve ser inferior a 0,5% da corrente de carga completa no ponto de aplicabilidade.

Fonte: [15]

MICRO-REDE SELECCIONADA COMO ESTUDO DE CASO E SIMULAÇÃO EM TEMPO REAL

2.1 INTRODUÇÃO

Este capítulo apresenta o RM que foi seleccionado como um estudo de caso para avaliar a qualidade da energia eléctrica (EPC) e apresenta o conceito e tecnologia de Simulação em Tempo Real (RTMS), que é a ferramenta com a qual o RM será simulado.

Foram considerados dois critérios na selecção do modelo de estudo de caso RM:

1. Que o RM incorpora conversores electrónicos de potência e tecnologias de geração intermitente, tais como solar ou eólica, que se caracterizam por problemas de qualidade de energia.

2. Que o GM seja publicado num livro, revista ou conferência. Isto apoiaria que o modelo tenha sido validado e revisto por pessoas conhecedoras.

Considerando os dois critérios, como um estudo de caso, uma micro-rede implementada por Amine Yamane e Simon Abourida da *OPAL-RT Technologies, Inc.* , que foi publicado na conferência internacional sobre aplicações de mobilidade sustentável em 2015 [42]. Entre os diferentes MR observados em diferentes trabalhos, o MR da *OPAL-RT* foi o que melhor se coadunou com os dois critérios colocados para a sua selecção.

O estudo de caso tem os elementos essenciais de uma micro-rede: 1) DG de tecnologias solares e eólicas, 2) banco de baterias como dispositivo de armazenamento e 3) controlo inteligente para alimentar cargas residenciais. Além disso, a micro-rede pode funcionar em dois modos, operando isoladamente ou ligada ao SDL.

O RM de [42] foi seleccionado porque é um modelo de referência que tem os elementos adequados para realizar um estudo de qualidade de energia. O RM possui 2 tecnologias de geração intermitente (solar e eólica), 2 inversores IGBT com controlo inteligente e um transformador de distribuição, que são elementos caracterizados pela geração de problemas de CPE, pelo que a avaliação do efeito destes componentes permitirá obter resultados interessantes.

2.2. DESCRIÇÃO DO ESTUDO DE CASO DA MICRO-REDE [42].

O estudo de caso da micro rede está ligado a um SDL e o modelo é constituído por:

1) **Geração solar: tem um** painel solar do tipo SunPower que exige uma potência máxima de 5kW a uma radiação de 1000 W/m2. O sistema fotovoltaico é ligado à rede por meio de um inversor IGBT de dois níveis.

2) **Produção de energia eólica:** trata-se de uma turbina eólica que fornece uma potência máxima de 20 kW a uma velocidade nominal do vento de 15 m/s.

3) **Banco de baterias:** Um banco de baterias de chumbo ácido ligado à rede através de um inversor IGBT de dois níveis e com uma capacidade de carga e descarga de 30 kW.

4) **Cargas controladas:** Três cargas R-L representando uma vizinhança.

5) **Outros:** A micro rede tem três transformadores, um transformador trifásico de 10 MVA com relação de transformador 66 kV / 6,6 kV e grupo de ligação Yy0, um transformador trifásico de 75 kVA, um transformador trifásico de 6,6 kV / 548 V e grupo de ligação Dyg11 e um transformador monofásico de 75 kVA com relação de transformador 6600 V / 200 V.

A figura 0.1 apresenta a micro-rede seleccionada como um estudo de caso.

Figura 0.1. Micro-rede de estudo de caso ligada a um sistema de distribuição de 615 nós.

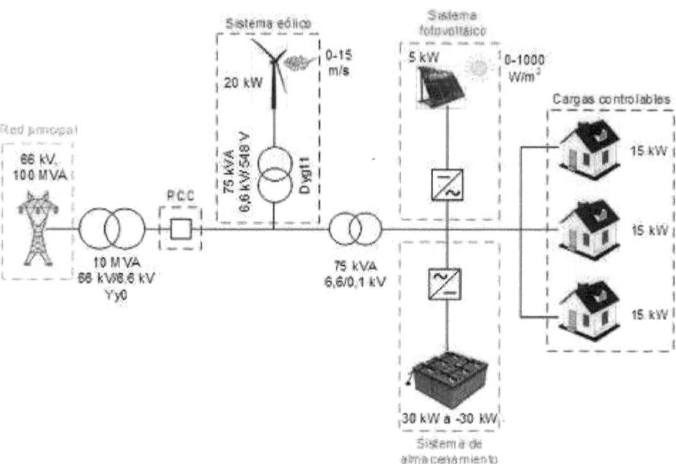

Fonte: própria

A secção 0descreve em mais pormenor cada um dos elementos que compõem o estudo de caso RM.

2.3. ELEMENTOS DO RM

Esta secção descreve os elementos que compõem o RM seleccionado como estudo de caso. A informação do RM é pública e foi obtida a partir da página web OPAL-RT que permite descarregar gratuitamente o modelo RM em Matlab/Simulink.

1.5.1 Sistema fotovoltaico. A Figura 0.2mostra o sistema FV que alimenta o estudo de caso RM. O sistema é composto por uma matriz PV, um condensador de ligação, um inversor (com a sua estratégia de controlo) e um filtro LCL que se liga à rede principal.

Nas secções 1.5.1.1a 1.5.1.3informação sobre os componentes do sistema fotovoltaico é expandida.

Figura 0.2. Sistema fotovoltaico do estudo de caso MR.

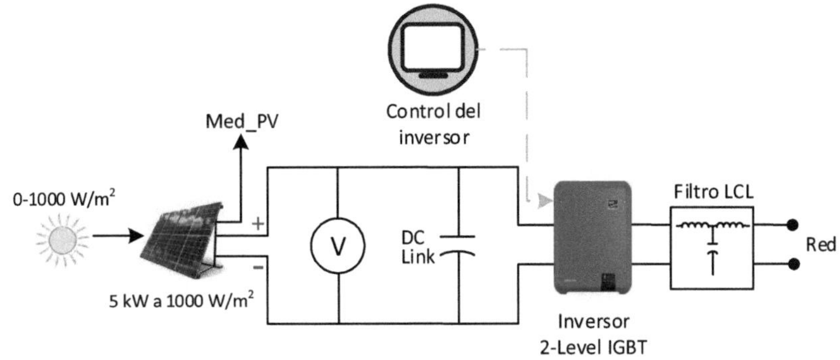

Fonte: própria.

1.5.1.1 Matriz fotovoltaica . A matriz fotovoltaica consiste num módulo SunPower SPR-305-WHT com uma eficiência de 18,7%. Para a geração de energia eléctrica considera-se que a irradiação solar pode variar de 0 W/m2 a 1000 W/m2. A matriz fotovoltaica fornece uma certa potência de acordo com a irradiação de entrada. Para uma irradiação de 1000 W/m2 o painel fornece uma potência de 5 kW para a rede.

Tabela 0.1. Parâmetros da matriz fotovoltaica do MR.

MATRIZ FOTOVOLTAICA	
Tipo de módulo	SunPower-305-WHT
Número de células por módulo	
Número de módulos ligados em série por cadeia	
Número de cordas paralelas	
Tensão de circuito aberto (Voc)	37 V
Corrente de curto-circuito (Isc)	8,55 A
Tensão no ponto de potência máxima (Voc)	31 V
Corrente no ponto de potência máxima (Imp)	8,06 A

Fonte: [43].

Após a matriz fotovoltaica há um voltímetro e um *condensador de ligação CC* que evita mudanças repentinas de tensão entre a saída do painel e o inversor. Esta capacidade funciona como um amortecedor e ajuda a reduzir as flutuações naturais que as fontes de energia intermitentes têm [44].

1.5.1.2 Inversor do sistema fotovoltaico . O sistema PV tem um inversor IGBT *de* dois níveis *de Ponte Time Stamped Bridge* TSB *(Ponte Time Stamped TSB).* A Quadro 0.2mostra os parâmetros do inversor de dois níveis.

Quadro 0.2. Parâmetros do inversor IGBT de dois níveis.

IGBT INVERSOR DE DUAS FASES - TSB	
Potência (VA)	5000
Frequência (Hz)	
Tensão primária (Vrms LL)	200
Tensão DC (V)	620
Rum (Ω)	0,01

Fonte: [43].

Controlo do inversor [45], [46] **.** O inversor tem quatro componentes para efectuar o controlo. A Figura 0.3 mostra o controlador do inversor e os seus quatro componentes para gerar o sinal de disparo enviado para os IGBTs.**Controlo e medições de** *fases bloqueadas***:** Este componente corresponde a *Phase-Locked-Loop (PLL) & Measurements.* O controlo Phase-Lock-Loop (PLL) é um controlo que ajusta automaticamente a fase de um sinal gerado localmente para corresponder à fase de um sinal de entrada. Neste caso, o objectivo da PLL é sincronizar o ângulo de corrente da tensão do inversor, θinv, com o ângulo da tensão da rede, θgrid, e assim obter uma ligação tão segura quanto possível ao sistema [47].

Em suma, este componente é utilizado para sincronizar a matriz PV com o MR e tirar medidas de tensão e corrente da rede.

Figura 0.3. Esquema do controlador do inversor.

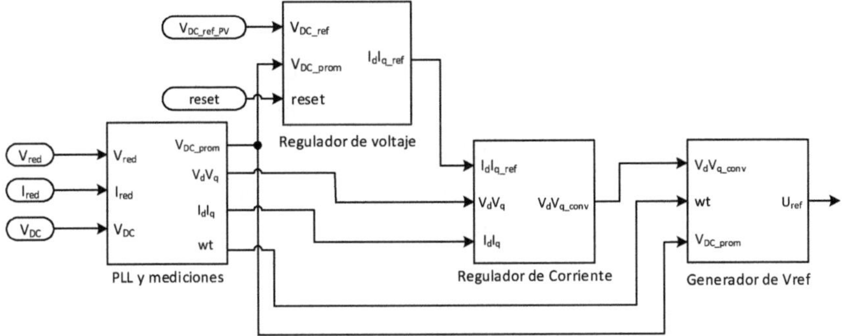

Fonte: própria.

- **Regulador de tensão DC (*VDC Regulator*):** o regulador de tensão DC determina a corrente de referência activa Id (corrente contínua), para o regulador de corrente, a corrente reactiva Iq (corrente quadratura) é definida para zero.

  O regulador de tensão contém um controlador PI integral proporcional que permite obter a corrente de referência a partir da subtracção entre a tensão DC média e a tensão DC de referência.

- **Regulador de corrente:** O regulador de corrente baseado nas correntes activas e reactivas de referência (Id, Iq) determina a tensão de referência requerida pelo inversor.

  O regulador de corrente contém um controlador PI, pelo qual a tensão do inversor é determinada a partir da subtracção das correntes activas e reactivas (Id - Iq).

- **Gerador de Tensão de Referência:** Finalmente, existe o componente que gera o sinal de disparo para os IGBTs com base nos requisitos de tensão obtidos. O sinal de referência é um PWM de onda quadrada bifásica.

A tabela 0.3 abaixo mostra os parâmetros de controlo do inversor.

Quadro 0.3. Parâmetros de controlo do inversor.

PARÂMETROS DE CONTROLO DO INVERSOR			
Regulador de voltagem CC			
Ganhos proporcionais P		Ganho integral I	1000
Regulador actual			
Ganhos proporcionais P	0,15	Ganho integral I	6,6
Modulador PWM			
Frequência (Hz)	2000	Método PWM	Unipolar

Fonte: [43].

1.5.1.3 Filtro LCL O filtro LCL do sistema FV está localizado entre o inversor e a rede principal com o objectivo de atenuar os harmónicos produzidos pelo inversor. O filtro LCL, em comparação com o filtro L e o filtro LC, tem melhor capacidade de atenuação de harmónicos devido à sua maior ordem e melhor característica dinâmica [48]. A Figura 0.4 mostra o circuito que representa o filtro real colocado à saída do inversor.

Figura 0.4. Filtro LCL localizado entre o inversor e a rede principal.

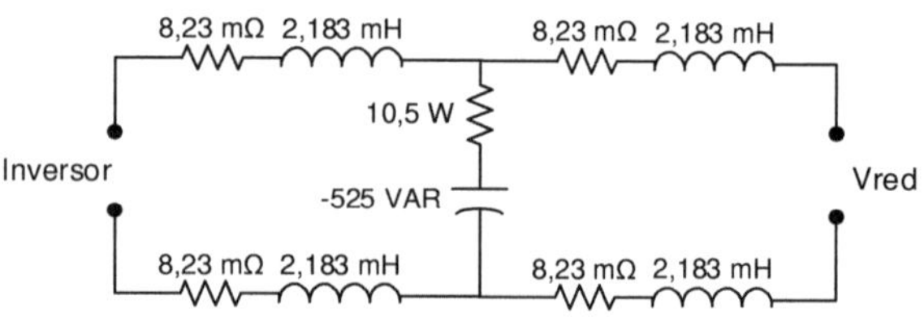

Fonte: Criado a partir de [43].

1.5.2 Sistema eólico . O sistema eólico é composto por uma turbina eólica de tipo 1. A turbina acciona um gerador assíncrono de 20 kVA 480 V com gaiola de esquilo, que é ligado a um transformador de distribuição para aumentar a tensão de 480 V para 6,6 kV, finalmente, é utilizado um modelo PI que simula a linha de transmissão do transformador para o SDL que estão localizados a uma distância de 100m. Figura 0.5mostra os principais componentes do sistema eólico até que este esteja ligado à rede principal.

Figura 0.5. Sistema eólico do estudo do caso MR.

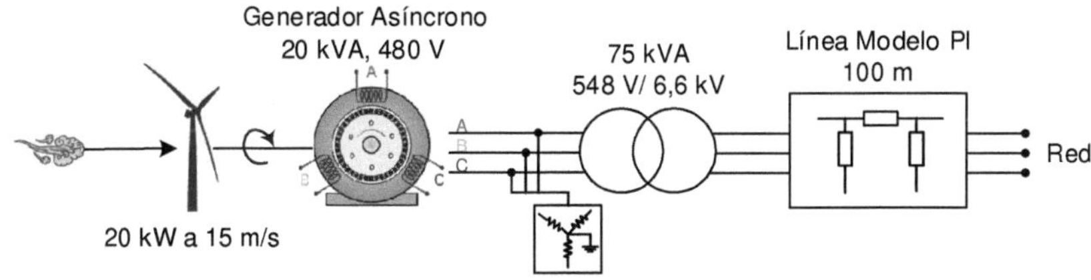

Fonte: própria

1.5.3.1 Turbina eólica. A turbina eólica MR recebe dois parâmetros de entrada: a velocidade do vento (0 m/s a 15 m/s como velocidade nominal) e a velocidade do rotor do gerador e, de acordo com estes valores, fornece um certo torque ao gerador assíncrono.

1.5.3.2 Gerador assíncrono. O gerador assíncrono é responsável pela conversão da energia mecânica rotativa em energia eléctrica, fornecendo uma tensão trifásica de 480 Vrms que é ligada a um transformador trifásico. O Quadro 0.4apresenta os parâmetros mais importantes do gerador assíncrono do sistema eólico.

Quadro 0.4. Parâmetros do gerador assíncrono do sistema eólico.

GERADOR ASSÍNCRONO DO SISTEMA EÓLICO	
Tipo de rotor	Gaiola de esquilo
Potência nominal - Pn (kVA)	
Tensão nominal - Vn (Vrms)	480
Frequência - fn (Hz)	
Resistência do estator - Rs (p.u.)	0,016
Indutância de fuga do estator - Lls (p.u.)	0,06
Resistência do rotor - Rr' (p.u.)	0,015
Indutância de fuga do rotor - Llr' (p.u.)	0,06
Indutância mútua - Lm (p.u.)	3,5
Constante de inércia - H (s)	
Factor de fricção - F (p.u.)	0
Pares de pólos - P	

Continuação do quadro 2.4

Fonte: [43].

1.5.3.3 Transformador. O transformador do sistema eólico é utilizado para elevar a tensão fornecida pelo gerador assíncrono 480 V para a tensão de rede que corresponde a 6,6 kV. Vale a pena mencionar que entre o transformador e o gerador assíncrono existe uma carga resistiva trifásica em configuração Y ligada à terra para equilibrar as tensões em cada uma das fases. A Quadro 0,5mostra os parâmetros mais importantes do transformador do sistema eólico.

Quadro 0,5. Parâmetros do gerador assíncrono do sistema eólico.

TRANSFORMADOR DE SISTEMA EÓLICO	
Tipo de ligação	Dyg11
Potência nominal - Pn (kVA)	50
AT Bobinagem - V1 LL (Vrms)	6600
Bobinagem LV - V2 LL (Vrms)	
Resistência ao enrolamento - R1 (p.u.)	8,33e-3
Resistência de enrolamento LV - R2 (p.u.)	8,33e-3
Indutância de fugas de HV enrolado - L1 (p.u.)	0,025
Indutância de fugas de bobinas de LV - L2 (p.u.)	0,025
Resistência à magnetização - Rm (p.u.)	500
Magnetização da indutância - Lm (p.u.)	∞

Fonte: [43].

1.5.3.4 Linha de transmissão. Finalmente, este sistema eólico está localizado a uma distância de 100 m do SDL, pelo que é necessária uma linha de transmissão para se ligar a ele.

A linha de transmissão tem um comprimento de 100 m e é representada com o modelo PI. Este modelo é adequado porque é uma linha curta (menos de 80 km), de acordo com o livro de Stevensson sobre sistemas de energia [49]. Os valores de resistência, indutância e capacitância utilizados no modelo PI da linha são apresentados na Tabela 0.6.

Quadro 0.6. Parâmetros do modelo PI da linha de transmissão.

LINHA DE TRANSMISSÃO - MODELO PI	
Frequência (Hz)	
Resistência de sequência positiva - r1 (Ω/km)	0,01273
Resistência de sequência zero - r0 (Ω/km)	0,3864
Indutância de sequência positiva - l1 (H/km)	0,9337e-3
Indutância de sequência zero - l0 (H/km)	4,1264e-3
Capacitância de sequência positiva - c1 (F/km)	12,74e-9
Capacitância de sequência zero - c0 (F/km)	7,751e-9
Comprimento (km)	0,1

Fonte: [43].

1.5.4 Sistema de armazenamento . O sistema de armazenamento MR é composto por um banco de baterias de *chumbo-ácido* e um inversor IGBT de dois níveis. A Figura 0.6mostra o sistema de armazenamento pertencente ao estudo de caso de RM.

Figura 0.6. Estudo de caso do sistema de armazenamento de MR.

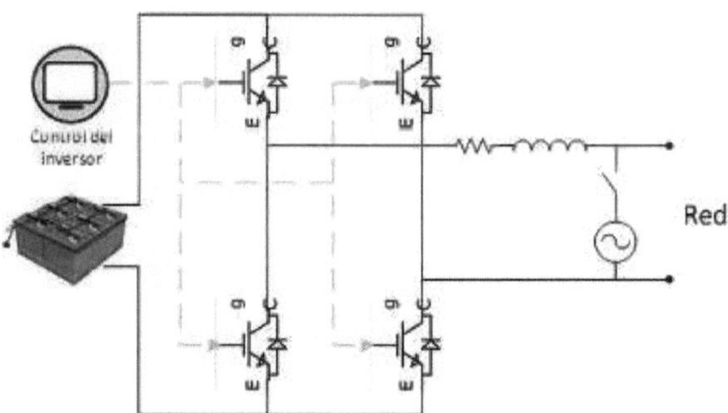

Fonte: própria.

1.5.4.1 Banco de baterias. O banco de baterias é do tipo Lead-Acid e a sua saída está ligada a um inversor IGBT de dois níveis. A partir do banco de baterias, obtém-se a variável estado de carga, o que é muito importante para programar um envio óptimo do sistema de armazenamento. A tabela 0.7 apresenta os parâmetros mais importantes do banco de baterias instalado para o MR.

Quadro 0.7. Parâmetros do banco de baterias MR.

Banco de Bateria MR	
Tipo de Bateria	Lead-Acid
Tensão nominal (V)	425
Capacidade nominal (Ah)	6,5
Estado inicial da carga (%)	
Corrente nominal de descarga (A)	1,3
Resistência interna (Ω)	0,001
Tempo de resposta da bateria (s)	

Fonte: [43].

1.5.4.2 Inversor do sistema de armazenamento. O inversor do sistema de armazenamento é o mesmo tipo de inversor do sistema fotovoltaico, um IGBT de dois níveis, no entanto, o controlo que o inversor do banco de baterias tem é diferente do da matriz fotovoltaica, razão pela qual o seu funcionamento será estudado.

1.5.4.3 Controlo de inversores. O inversor tem um controlador PLL monofásico e um controlo de histerese de corrente. O controlador PLL, como no sistema fotovoltaico, é responsável pela sincronização dos sinais de tensão da rede e o controlo da corrente é responsável por que as correntes de saída do inversor sejam tão sinusoidais quanto possível. A figura 0.7 mostra o esquema de controlo do inversor do banco de baterias.

- **Controlo e medições de** *fases bloqueadas*: **o** controlo de *fases bloqueadas (PLL)* tem a mesma função que a explicada acima na secção 1.5.1.2para o sistema FV.

Figura 0.7. Modelo do esquema de controlo do inversor do banco de baterias.

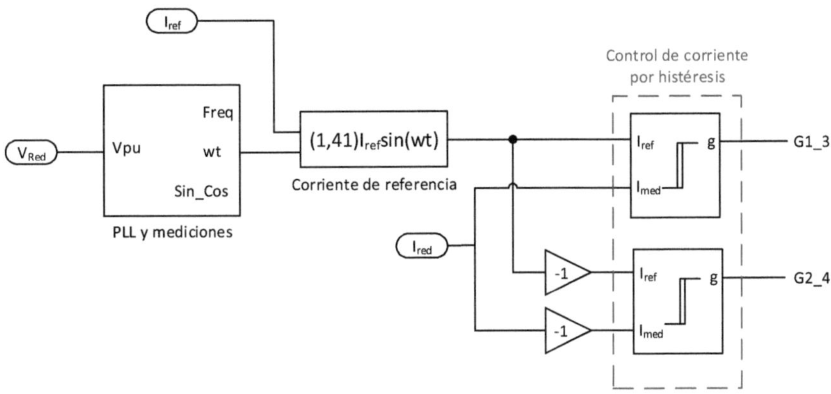

Fonte: criado a partir de [43].

- **Controlo de histerese de corrente** [50]-[52]**:** na sua versão convencional, o controlo de histerese compara instantaneamente as correntes injectadas pelo inversor à rede principal com as correntes de referência. Através desta comparação, obtém-se um sinal de erro *e(t)* resultante que é aplicado a um circuito de comparação de histerese de amplitude fixa que, dependendo da largura da banda de histerese e do valor instantâneo do sinal de erro, gera o sinal de disparo IGBT do inversor.

  Portanto, desde que o desvio da corrente introduzida na rede e a corrente de referência não exceda a largura da banda de histerese, o inversor mantém o estado de comutação.

Existem vários tipos de controladores de corrente: controlador de corrente de banda fixa histerese, controlador de corrente de banda sinusoidal histerese e controlador de corrente de banda adaptativa histerese. Para o banco de baterias do estudo de caso MR, o tipo de controlador utilizado é o controlador de corrente de banda fixa de histerese. Neste caso, o valor da banda fixa é de 0,05A. Uma representação esquemática deste tipo de controlo é mostrada na Figura 0.58.

Figura 0.8. Esquema do controlador de corrente de banda fixa da histerese.

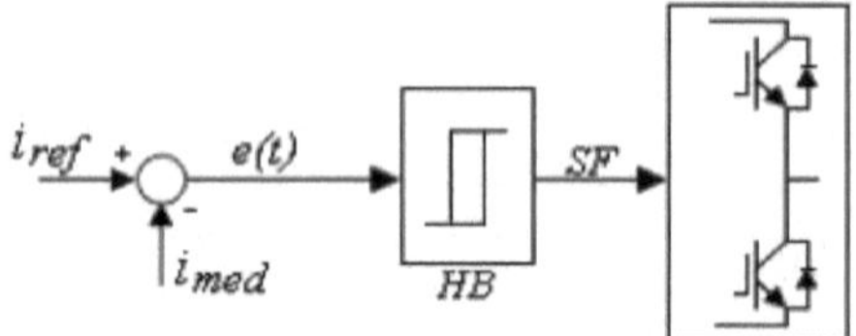

Fonte: [52]

A lógica de controlo do esquema acima é dada da seguinte forma:

$$\text{Sim } i_{medida} < (i_{ref} - HB)$$
$$SF = 1$$

$$\text{Sim } i_{medida} > (i_{ref} + HB)$$
$$SF = 0$$

Onde:

i_{medida} é a corrente medida

i_{ref} é a corrente de referência

HB é a largura de banda fixa

SF é o indicador de sinal de disparo

O sinal SF diz ao inversor quais os IGBTs que vão ser activados, quando SF = 1 um par de transístores é activado e simultaneamente desliga o outro par, quando SF = 0 o outro par de transístores é activado e simultaneamente desliga o par anterior.

A Figura 0.9 mostra um gráfico de exemplo de como é a saída de um inversor com controlo de corrente de histerese. Na figura temos i_L que é a corrente de saída do inversor, i_{ref} a corrente de referência ou a rede neste caso, e i_{lo} i_{up} como as correntes de sinal mais e menos a largura de banda respectivamente HB.

Figura 0.9. Esquema do controlador de corrente de banda fixa da histerese.

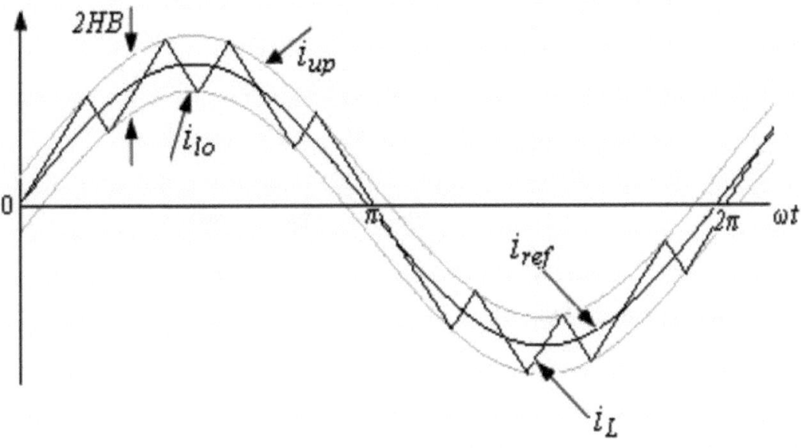

Fonte: [52]

1.5.5 MR. As cargas do estudo do caso MR são de tipo residencial, representando um bairro e o modelo de impedância constante é utilizado para a sua representação. Em Simulink, são utilizadas fontes de corrente controlada para a sua simulação. As cargas MR são controláveis, ou seja, a potência activa absorvida por cada carga pode ser variada.

O modelo das cargas consiste em criar uma corrente com a mesma frequência e fase da rede, mas na direcção oposta. A magnitude da corrente de cada carga é determinada pela potência activa que tem. A figura 0.10 apresenta uma ilustração representando o modelo das cargas do estudo de caso RM.

Até este ponto, os elementos e o modelo do RM seleccionado como estudo de caso foram explicados em pormenor. Em seguida, será apresentada a ferramenta utilizada para simular o comportamento eléctrico do RM, o SimTR.

Figura 0.10. Modelo das cargas MR.

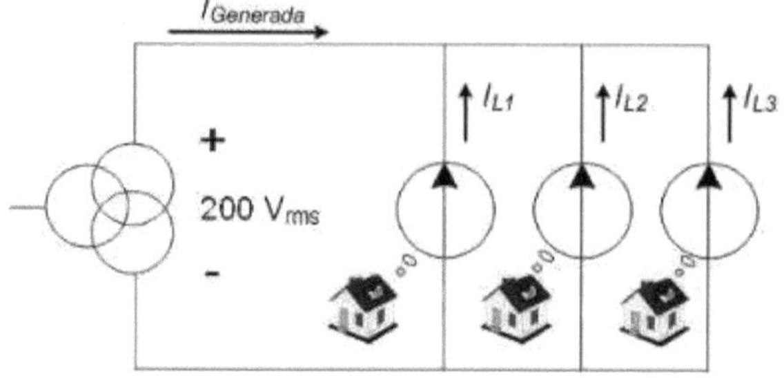

Fonte: criado a partir de [43].

1.6 SIMULAÇÃO EM TEMPO REAL

RM é uma rede de energia alternativa que traz grandes desafios tecnológicos à sua simulação, devido ao número de parâmetros e componentes que introduz. Alterações climáticas imprevisíveis, parâmetros de fontes de energia renováveis, electrónica de potência, sistema de controlo e comunicações são factores chave que tornam necessária a utilização de simulações diferentes das tradicionais.

Nas ferramentas de simulação, quanto mais complexo for o sistema, mais cálculos, algoritmos e precisão são necessários para o seu cálculo, o que resulta numa maior quantidade de tempo. O SimTR é uma ferramenta que permite simular cenários mais complexos num tempo igual ao fenómeno real, a fim de validar qualquer tecnologia antes da sua implementação, assegurando que a simulação está mais próxima da realidade.

1.6.1 Introdução ao SimTR. As ferramentas de simulação podem ser divididas em duas de acordo com o seu tempo de amostragem: simulação offline (*offline)* e simulação em tempo real (RTMS).

- A simulação offline é a mais comum e tem a característica de ter um tempo de amostragem diferente do fenómeno real, ou seja, um fenómeno de 10 segundos pode demorar uma hora de compilação. Entre os softwares de simulação offline mais comuns estão Matlab/Simulink, EMTP, Etap, entre outros.
- A simulação em tempo real é uma combinação de software e hardware que permite obter um tempo de amostragem preciso, ou seja, um fenómeno real de 10 segundos leva 10 segundos para ser compilado.

O SimTR tem muitos benefícios adicionais para a simulação offline:

- o tempo de compilação é idêntico ao do evento;
- pode interligar equipamento real como uma rede, um controlador, uma fábrica, etc. que não esteja disponível no terreno (ainda não existe, custo elevado, para segurança);
- é possível detectar falhas no equipamento real, quando ainda se está na fase de planeamento do projecto e não na fase de implementação.

De acordo com o acima exposto, o SimTR permite reduzir: 1) os custos prevenindo eventos e minimizando erros, 2) o tempo pela velocidade das simulações e a flexibilidade oferecida pela plataforma e 3) os riscos pela possibilidade de prevenir qualquer caso ou cenário com a possibilidade de ter acesso a componentes reais da simulação [53].

1.6.2 Conceito de simulação em tempo real [54]. SimTR e simulação offline são simulações em tempo discreto onde o tempo de simulação avança em passos de igual duração. A simulação resolve funções e equações num dado passo temporal, em que cada variável ou estado do sistema é resolvido sequencialmente em função de variáveis do passo temporal anterior.

Durante uma simulação em tempo discreto, a quantidade de tempo real necessária para compilar todas as equações e funções pode ser menor, maior ou igual à duração da etapa de tempo da simulação. A Figura 0.11 -(a) representa o caso em que o tempo real necessário para o cálculo é menor do que a etapa de tempo de simulação, enquanto a Figura 0.11 -(b) mostra o caso oposto quando o tempo real necessário para o cálculo é maior do que a etapa de tempo de simulação (caso comum na simulação offline).

Figura 0.1112. Simulação digital ou em tempo discreto. a) simulação acelerada offline, b) simulação desfasada offline e c) simulação em tempo real: sincronizada.

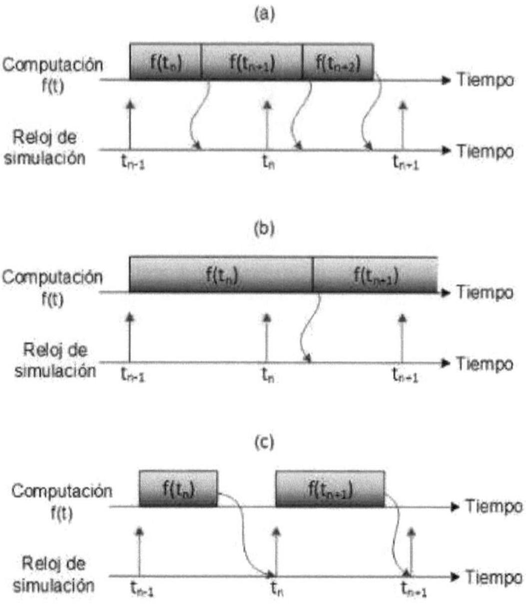

Fonte: [54]

As figuras 0.11 (a) e (b) mostram os casos de simulação tipicamente obtidos na simulação offline, também chamados de simulações aceleradas e desfasadas, respectivamente. Em ambos os casos o momento em que o resultado se torna disponível é irrelevante, a simulação offline visa obter os resultados o mais rapidamente possível, ou seja, a velocidade da simulação depende do poder computacional disponível e da complexidade do modelo matemático do sistema.

Pelo contrário, durante o SimTR, a precisão do cálculo depende não só da representação dinâmica do sistema, mas também do período de tempo utilizado para produzir os resultados. A figura 0.11 -(c) ilustra o princípio do tempo de simulação em tempo real.

Para uma simulação válida em tempo real, o simulador em tempo real deve produzir resultados dentro de um período de tempo que não exceda a etapa de tempo determinada, ou seja, o tempo necessário para calcular a solução numa determinada etapa de tempo deve ser mais curto do que a etapa de tempo do relógio de simulação.

Para um dado passo de tempo, qualquer tempo de inactividade antes ou depois das operações do simulador é perdido, o que é contrário à simulação acelerada onde o tempo de inactividade é utilizado para compilar as equações para o próximo passo de tempo. Para o SimTR, no caso em que todas as operações do simulador não são realizadas dentro de um determinado período de tempo, o SimTR lança um erro chamado "*overrun*".

1.6.3 Tecnologia de simulação em tempo real. O SimTR utilizado neste trabalho de graduação foi desenvolvido pela OPAL-RT através da combinação de software e hardware. OPAL-RT é uma empresa canadiana que fornece plataformas modernas de software e hardware especificamente concebidas para estudos de viabilidade, investigação, e concepção e teste de controladores.

A figura 0.12 apresenta uma imagem que mostra a combinação de software e hardware no SimTR. O hardware executa o processamento em tempo real e o software gere o poder de processamento do sistema.

Figura 0.1314. Tecnologia de simulação em tempo real - Software + Hardware.

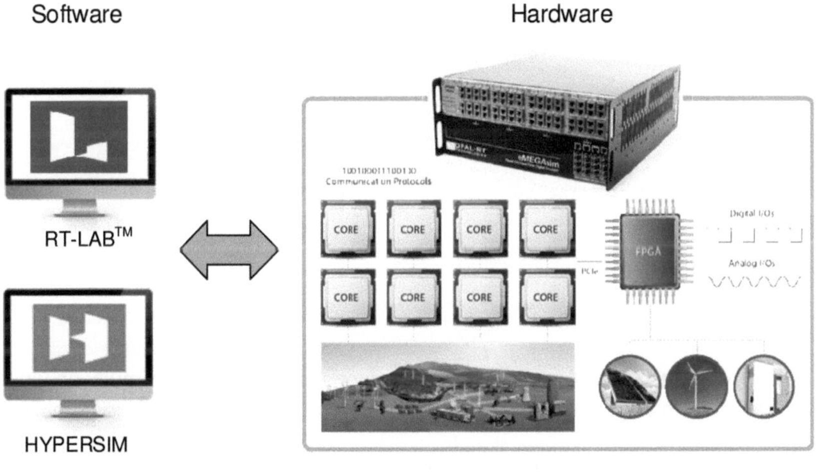

Software

Hardware

RT-LAB™

HYPERSIM

Fonte: Opal.rt.com

Na Figura 0.12 anterior o componente de software pode ser RT-LABTM ou HYPERSIM que são o software desenvolvido pela OPAL-RT para SimTR. Neste trabalho de grau a ferramenta RT-LAB foi utilizada porque pode importar desenhos construídos em MATLAB/Simulink, que é o software onde o estudo de caso RM é modelado.

1.6.4 Tipo de simulação em tempo real bibliotecas e solucionadores. A tecnologia SimTR pode ser dividida em 4 tipos de simulação de acordo com que parte do sistema é real e que parte é simulada. A parte real refere-se a ter o equipamento fisicamente disponível e a fazer a interface com o simulador, enquanto a parte simulada se refere à parte do sistema que é emulada pelo simulador em tempo real. A Figura 0.15mostra os diferentes tipos de simulação que podem ser configurados através do simulador em tempo real OPAL-RT.

Este trabalho de graduação utiliza o tipo de software in-the-loop (SIL) para SimTR e é explicado na secção seguinte.

Figura 0.1516. SimTR por tipo de simulação.

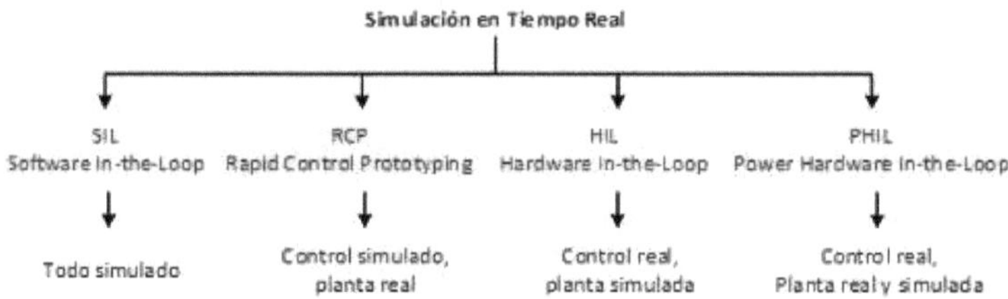

Fonte: modificado de [55].

1.6.4.1 Software no laço. A simulação SIL fornece um ambiente de simulação virtual para o desenvolvimento e teste de sistemas grandes e complexos, tais como o RM.

Com o SIL, os sistemas podem ser testados e modificados rapidamente utilizando um computador, ligando o software ao modelo de planta digital e substituindo sistemas dispendiosos. A Figura 0.14 mostra o equipamento e a disposição real ao implementar uma simulação SIL.

Figura 0.1718. Esquema da simulação do Software In-the-Loop (SIL).

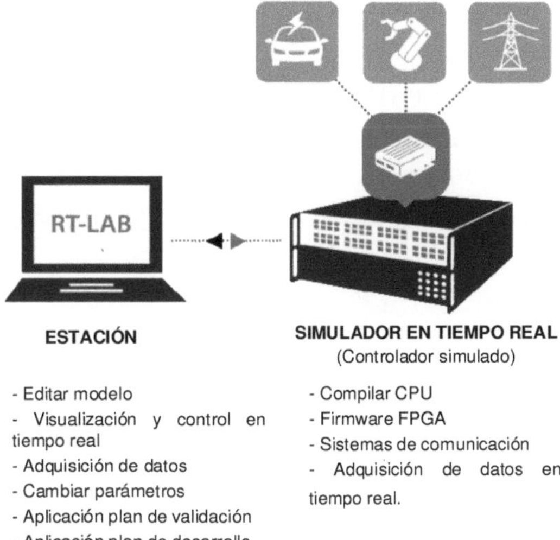

Fonte: Modificado a partir de [56].

Agora, para executar a simulação SIL, é utilizado o software RT-LAB, juntamente com as bibliotecas ARTEMIS e RT-EVENTS e o solucionador ARTEMIS-SSN que foram desenvolvidos pela OPAL-RT especialmente para o SimTR. Uma breve explicação destas ferramentas é dada abaixo.

1.6.4.2 ARTEMIS. ARTEMIS é uma biblioteca Simulink utilizada para incorporar o seu solucionador ARTEMIS-SSN que optimiza todos os modelos de sistemas de energia usando uma técnica de desacoplamento avançada chamada o método *Nodal Estado-Espaço*. Este método dissocia grandes sistemas de equações de espaço estatal em grupos mais pequenos, cuja solução pode ser obtida simultaneamente utilizando um método de admissão nodal semelhante ao utilizado pelo EMTP. Aqui a diferença com o EMTP é que os algoritmos podem ser resolvidos em paralelo, em diferentes processadores, sem acrescentar atrasos artificiais à solução.

1.6.4.3 RT-EVENTS. RT-EVENTS é uma biblioteca Simulink utilizada para a simulação de sinais de modulação de alta-frequência utilizados no controlo de dispositivos electrónicos de potência. RT-EVENTS compensa os erros introduzidos quando um evento ocorre entre amostras. No modelo RM, RT-EVENTS é utilizado para modular o sinal de disparo que liga e desliga os transístores inversores utilizados no sistema FV e no sistema de armazenamento.

1.6.5 Laboratório de Simulação em Tempo Real do PTI SA. O laboratório SimTR onde serão realizadas as simulações do estudo de caso RM está localizado na cidade de Cali, na empresa Potencia y Tecnologías Incorporadas S. A. (PTI S.A.). A figura 0.15 mostra uma imagem do laboratório SimTR.

Figura 0.1920. Laboratório SimTR localizado em PTI S.A., Cali, Colômbia.

Fonte: [57].

O laboratório SimTR tem uma estante onde se encontra o equipamento de processamento e medição para realizar as simulações em tempo real. A figura 0.16 mostra a prateleira do laboratório identificando cada peça de equipamento.

Entre todo o equipamento identificado na Figura 0.16, encontra-se o OPAL 5600, que é o simulador em tempo real que o laboratório da PTI S.A. possui. Este equipamento é responsável pela realização das simulações em tempo real no laboratório. A figura 0.17 apresenta uma imagem mais clara de como é fisicamente o equipamento.

Figura 0.2122. Rack com o equipamento de laboratório SimTR.

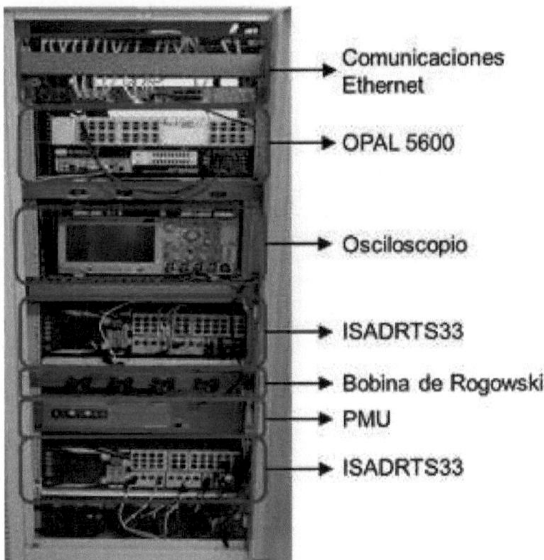

Fonte: Própria: Próprio.

Figura 0.2324. OPAL 5600 Hardware

Fonte: [58]

O OPAL 5600 durante o SimTR lê os sinais de entrada, executa os cálculos necessários, e escreve os sinais de saída no passo de tempo pré-determinado (por exemplo 10 μs, 1 ms, ou 5 ms).

CENÁRIOS DE SIMULAÇÃO E APRESENTAÇÃO DOS RESULTADOS

1.7 INTRODUÇÃO

Este capítulo apresenta o procedimento de simulação em tempo real, os cenários de simulação do estudo de caso RM, a metodologia para realizar a medição do CPE e os resultados obtidos.

O estudo de caso RM apresentado no capítulo 2 é modelado no software MATLAB/Simulink, o modelo é público, desenvolvido pela OPAL-RT e pode ser descarregado directamente do website *opal-rt.com*. O modelo MATLAB/Simulink do RM é importado para o software RT-LAB que permite que o SimTR seja executado.

Depois do SimTR, os dados de tensão e corrente são exportados para o MATLAB onde é feita uma análise detalhada para avaliar o CPE MR no PCC, aplicando a IEEE Std 1547 de 2018 e IEEE Std 519 de 2014, [15] y [22].

1.8 PROCEDIMENTO PARA MEDIÇÃO DA QUALIDADE DE ENERGIA DE UMA MICRO-REDE UTILIZANDO SIMULAÇÃO EM TEMPO REAL

O procedimento utilizado para realizar a medição do CPE MR é mostrado na Figura 0.1.

Figura 0.1. Procedimento para medir o CPE no estudo de caso de RM usando SimTR.

Fonte: própria.

Cada uma das etapas apresentadas na figura acima é descrita em pormenor abaixo.

1. **EDIT:** Primeiro, a partir do software RT-LAB importa o modelo RM para Simulink como um novo projecto, depois, se necessário, pode editar o modelo abrindo MATLAB/Simulink directamente de RT-LAB, desta forma, pode editar blocos, parâmetros, sinais e eles são automaticamente guardados no projecto RT-LAB.

Figura 0.2. Interface RT-LAB.

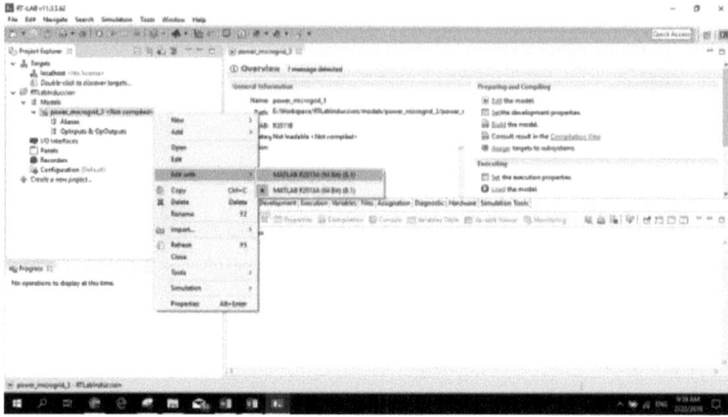

Figura 0.3. Modelo MR em MATLAB/Simulink.

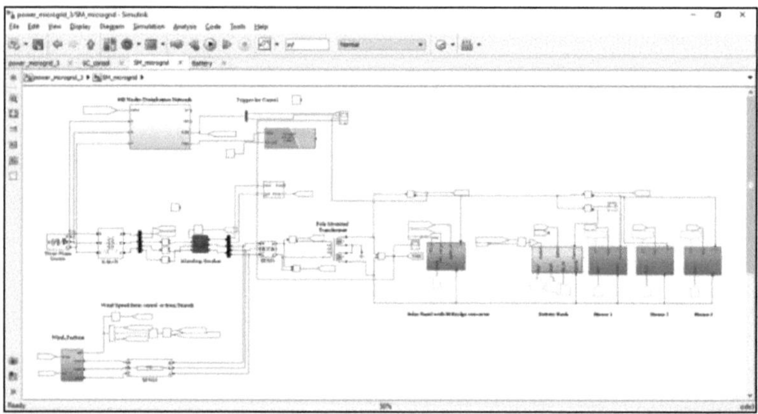

2. **COMPILE:** quando as edições do caso tiverem sido feitas ao modelo Simulink, este está pronto para ser transformado numa aplicação em tempo real. Dentro de RT-LAB deve clicar em configurações de construção e começa automaticamente a transformar o modelo simulink em código de linguagem C e imediatamente é compilado no nó alvo em tempo real, que neste caso é o simulador OP5600.

Finalmente, clique no botão *Load* onde a consola modelo Simulink se abrirá automaticamente e tudo estará pronto para executar o SimTR.

Figura 0.4. Janela de trabalho RT-LAB.

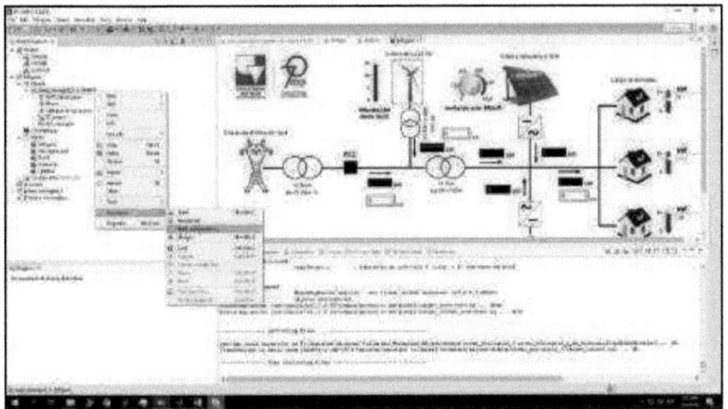

Figura 0.5. Consola modelo RT-LAB durante a simulação.

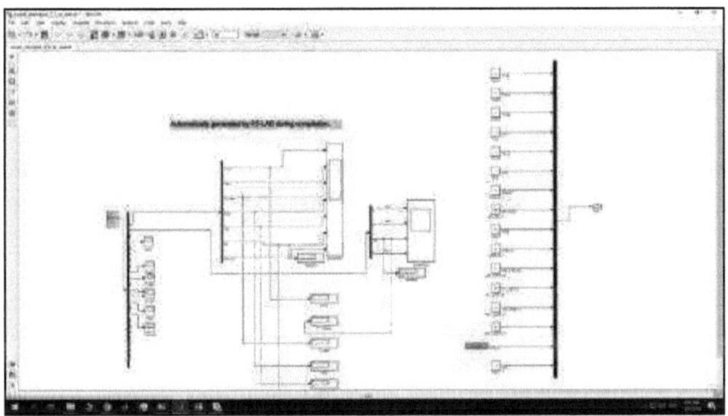

3. **EXECUÇÃO:** na janela principal do RT-LAB clicar em executar e o SimTR começa a funcionar. Aqui o simulador já está a efectuar as respectivas iterações e cálculos para cada passo de tempo seleccionado. A etapa de tempo seleccionada é 30 µs.

Figura 0.6. Consola RT-LAB durante a execução do SimTR.

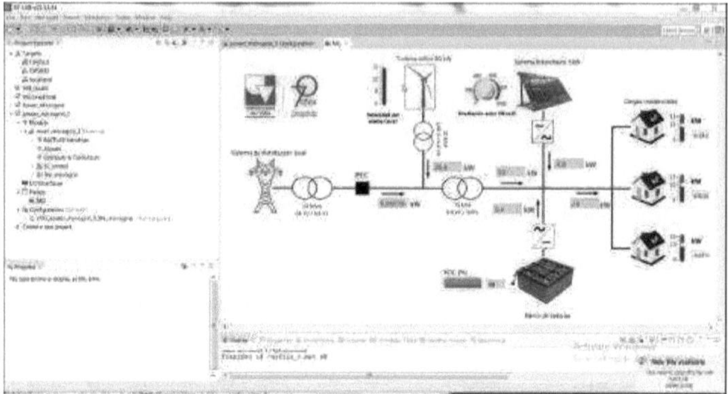

4. **INTERACT:** durante o SimTR, através de um painel criado no LABView, é possível controlar os parâmetros do RM tais como magnitude das cargas residenciais, irradiação solar, velocidade do vento, entre outros, e obter resultados em tempo real em caso de alterações destes parâmetros.

Figura 0.7. Painel de controlo e visualização do RM criado em LABview.

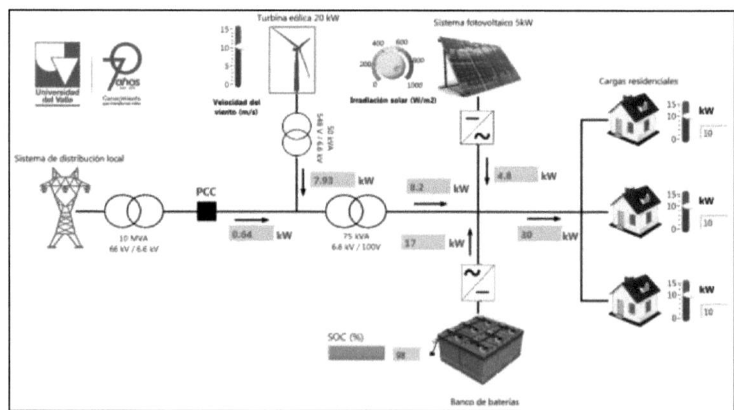

5. **CÁLCULO:** depois de parar o SimTR, RT-LAB escreve automaticamente um ficheiro . mat contendo os vectores de tensão e corrente no PCC. Com este ficheiro e por meio de um guião Matlab, são feitos os cálculos dos índices CPE MR.

Figura 0.8. Script desenvolvido em Matlab para avaliar os parâmetros de qualidade de energia MR.

Figura 0.9. Tensões e correntes PCC, analisadas usando MATLAB.

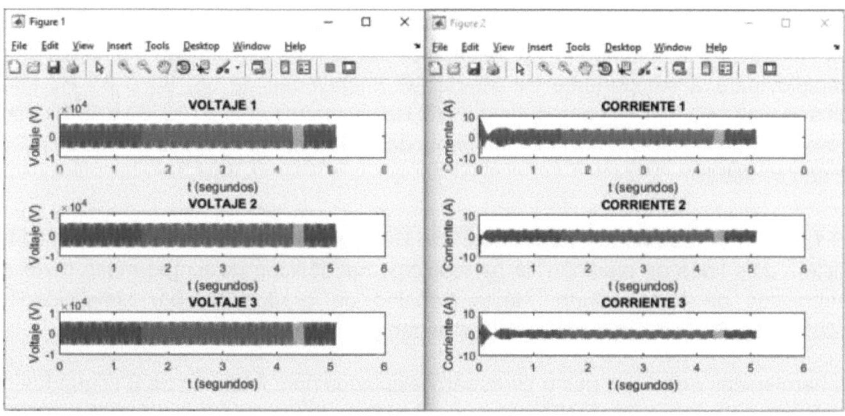

A secção 1.9apresenta a metodologia utilizada para a medição de FPC no estudo de caso RM PCC.

1.9 METODOLOGIA UTILIZADA PARA A MEDIÇÃO DA QUALIDADE DA ENERGIA ELÉCTRICA

A medição de CPE é realizada conforme especificado por IEEE Std 1547 de 2018, NTC 5001 de 2008 e IEEE Std 519 de 2014 [15], [29] y [34]. Nos números seguintes, será explicada a metodologia para realizar a medição dos parâmetros de qualidade de energia seleccionados para o presente estudo. Vale a pena mencionar que todos os parâmetros de qualidade de energia serão medidos no PCC.

1.9.1 Medição de harmónicos. IEEE Std 519 de 2014 apresenta os requisitos para realizar uma medição correcta dos harmónicos. O seguinte é uma explicação de cada um dos requisitos da norma.

1.9.1.1 Medição da largura da janela. Para instrumentos que utilizam técnicas de transformação discreta de Fourier (como neste caso) a janela de medição deve ter uma largura de 12 ciclos (aproximadamente 200 ms) para sistemas de potência de 60 Hz. Com esta largura de janela é garantido que o espectro dos componentes estará disponível a cada 5 Hz (ou seja, 0, 5, 10,... 50, 55, 60, 65, 70, ... Hz).

Nesta ordem de ideias, a magnitude de uma componente harmónica é o valor da magnitude da frequência central mais as magnitudes das duas frequências adjacentes, ou seja, as três magnitudes rms são somadas para obter um único valor rms que define a magnitude da harmónica da frequência central particular, por exemplo, para a componente de 60 Hz, as magnitudes de 55, 60 e 65 Hz são somadas, ou seja, para a componente de 60 Hz, as magnitudes de 55, 60 e 65 Hz são somadas. Por exemplo, para a componente de 60 Hz, as magnitudes de 55, 60 e 65 Hz são somadas.

1.9.1.2 Harmónicos de tempo muito curto De acordo com a IEEE Std 519 de 2014, existem dois tipos de medição de harmónicos, harmónicos de tempo muito curto e harmónicos de tempo curto. Neste trabalho de graduação, por simplicidade, optaremos pela medição de harmónicos de tempo muito curto.

Os harmónicos de tempo muito curto são calculados num intervalo de 3 segundos e consistem na agregação de 15 janelas de 12 ciclos consecutivos para sistemas de 60 Hz. Os componentes harmónicos de tensão ou corrente são calculados com a equação 3.1.

$$F_{n,vs} = \sqrt{\frac{1}{15}\sum_{i=1}^{15} F_{n,i}^{\;2}} \qquad (0.1)$$

Onde

n representa a ordem da harmónica

i é um contador que designa o número do ciclo.

vs denota harmónicos de *tempo muito curto.*

F pode ser tensão (V) ou corrente (I) e em todos os casos representa um valor rms.

1.9.1.3 Distorção Harmónica Total de Tensão - THDv. Para a avaliação do conteúdo harmónico total da tensão, IEEE Std 519 de 2014 e NTC 5001 de 2008 recomendam a utilização do índice THD (*Total Harmonic Distortion*). A equação 3.2 apresenta como calcular THDv de acordo com o NTC 5001 de 2008.

$$THD_V = \frac{\sqrt{\sum_{h>1}^{50} V_h^2}}{V_1} \times 100\% \quad (0.2)$$

onde

h é a ordem da harmónica

V_h é a magnitude da componente harmónica única (Volts rms)

V_1 é a magnitude da componente fundamental (Volts rms)

Recorda-se ao leitor que a Quadro 0.1deste trabalho de graduação (página 24) apresenta os limites de distorção harmónica no PCC recomendado pela IEEE Std 519 de 2014.

1.9.1.4 Distorção Harmónica de Corrente - TDD. Para avaliar o conteúdo harmónico no caso da corrente, a IEEE Std 519 de 2014 [22] recomenda a utilização do índice de distorção nominal total TDD[1] (*Total Demand Distortion*). O TDD é calculado de acordo com a expressão dada na equação 3.3 e o seu ponto de medição é no PCC.

$$TDD = \frac{\sqrt{\sum_{h>1}^{50} I_h^2}}{I_L} \times 100\% \quad (0.3)$$

onde

h é a ordem da harmónica

I_L é a corrente de carga máxima de procura no PCC (Amps rms)

---

[1] No caso da corrente, a norma recomenda a utilização do índice TDD e não do índice THDi, uma vez que variar a corrente de zero para o seu valor nominal resultaria em dados erróneos com o índice THDi.

I_h é a magnitude do componente harmónico único (Amps rms).

Para o estudo do caso MR, a corrente de carga máxima de procura no PCC é calculada da seguinte forma,

$$I_L = \frac{45\,\text{kW}}{6{,}6\,\text{kV} * \sqrt{3}} = 3{,}9365\ \text{A}$$

A corrente máxima de curto-circuito no PCC é calculada directamente a partir do modelo Simulink de cada unidade, a corrente de curto-circuito no modelo é limitada e portanto obtém-se que não é 20 vezes maior do que a corrente de carga.

Desta forma, obtém-se a relação $I_{SC}/I_L < 20$ e, portanto, os valores a utilizar para a avaliação do índice TDD correspondem aos da primeira linha do Quadro 0.2 deste trabalho de grau (página 27) que apresenta os actuais limites de distorção harmónica no PCC recomendado pela IEEE Std 519 de 2014.

1.9.2 Flicker - E_{Pst} e E_{Plt}. A medição da cintilação é realizada com base no NTC-IEC 61000-4-15:2013 [59] que indica as directrizes para a medição do fenómeno da *cintilação* (*cintilação* em inglês)Para a medição da *cintilação*, é necessário um procedimento composto por cinco blocos, que podem ser divididos em duas partes:

1. Simulação da resposta da cadeia olho-cérebro da lâmpada;
2. Análise estatística em tempo real do sinal de cintilação e apresentação dos resultados

A parte 1 é feita nos blocos 2, 3 e 4, enquanto a parte 2 é feita no bloco 5.

A Figura 0.10apresenta os blocos e a tarefa que cada um deles executa para realizar a medição da cintilação.

Figura 0.10. Blocos necessários para medição da cintilação de acordo com a IEC 61000-4-15:2013.

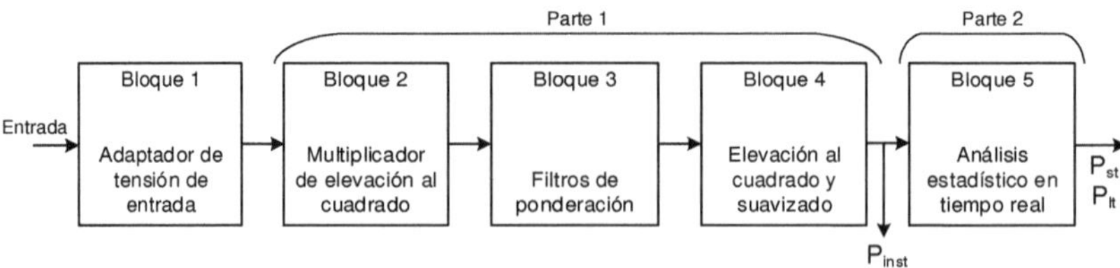

Fonte: própria.

A saída do bloco 4 P_{inst} representa a saída instantânea do *Flicker*. A saída P_{inst} entra no bloco 5 onde é obtida a função de probabilidade cumulativa dos níveis de Flicker. A partir desta função de probabilidade cumulativa, podem ser obtidos valores estatísticos significativos tais como a média, o desvio padrão, o nível de Flicker excedido durante uma determinada percentagem de tempo ou, alternativamente, a percentagem de tempo em que um determinado nível de Flicker foi excedido.

Para medir *a cintilação*, a norma recomenda a utilização dos índices Pst e Plt, que são a avaliação da cintilação por períodos curtos e longos, respectivamente. O índice Pst é obtido a partir das estatísticas obtidas no bloco 5 e para o seu cálculo é utilizada a fórmula 3.4 retirada do NTC-ICE 61000-4-15 de 2013.

$$P_{st} = \sqrt{0{,}0314P_{0{,}1} + 0{,}0525P_{1s} + 0{,}0657P_{3s} + 0{,}28P_{10s} + 0{,}08P_{50s}} \qquad (0.4)$$

onde

P_{st} é a curta taxa de cintilação de duração.

P_i é o i-ésimo percentil correspondente aos níveis de cintilação superiores a 0,1, 1, 3, 10 e 50% do tempo durante o período de observação.

Por outro lado, a fórmula 3.5 retirada da IEEE Std 1547 de 2018 é utilizada para calcular o índice Plt.

$$P_{lt} = \sqrt[3]{\frac{1}{12}\sum_{i=1}^{12} P_{st_i}^{\ 3}} \qquad (0.5)$$

onde

P_{lt} é a taxa de cintilação a longo prazo.

P_{st_i} são as leituras consecutivas do Pst.

i é o contador de leituras consecutivas do índice Pst.

O leitor é lembrado de que o
Quadro 0.3 deste trabalho de graduação (página 25) apresenta os limites de emissão de cintilação Epst e Eplt no PCC recomendado pela IEEE Std 1547 de 2018. Por simplicidade neste trabalho de grau, apenas o índice Pst foi medido.

1.9.3 Injecção de corrente contínua - IDC. Para a medição do fenómeno da injecção de corrente contínua, são seguidas as recomendações especificadas em IEEE Std 1547.1 de 2005 [60]. Neste caso, mede-se a componente DC (frequência inferior a 1 Hz) da corrente no PCC.

Neste grau de trabalho, a componente DC da corrente é medida por meio da transformação discreta de Fourier, tomando a componente 0 Hz.

Mais uma vez se recorda ao leitor que a Tabela 0.4 deste trabalho de graduação (página 25) apresenta o limite de injecção de corrente contínua no PCC de acordo com IEEE 1547 de 2018. Aí é indicado que a injecção DC não deve exceder 0,5% da corrente nominal no PCC.

Agora, após termos explicado o procedimento para realizar o SimTR (secção 3.2) e explicado a metodologia utilizada para a medição dos fenómenos CPE (secção 3.3), continuamos então com a secção 3.4 cenários de simulação e encerramos o capítulo com os resultados da secção 3.5.

1.10 CENÁRIOS DE SIMULAÇÃO

Primeiro, para conhecer os valores dos fenómenos CPE antes da interconexão do MR, o SDL foi simulado desligado do MR e os índices CPE foram medidos. Estes seriam a base dos índices de CPE.

Agora, para avaliar o CPE do estudo de caso RM, foram criados diferentes cenários de simulação com base num típico dia RM. Um dia típico do RM refere-se a um dia com perfis de carga, solar e eólico, como apresentado abaixo. Os parâmetros de entrada para os cenários de simulação são: irradiação solar, velocidade do vento, magnitude de carga e estado de carga da bateria.

Para executar a simulação, foram criados perfis de carga, sol e vento, que foram retirados do artigo "*Optimal scheduling of a renewable microgrid*" [61] e adaptados a esta RM. A Figura 0.11, Figura 0.13e Figura 0.13 apresentam os perfis criados para obter os cenários de simulação deste trabalho de grau.

Figura 0.1112. Perfil de carga residencial

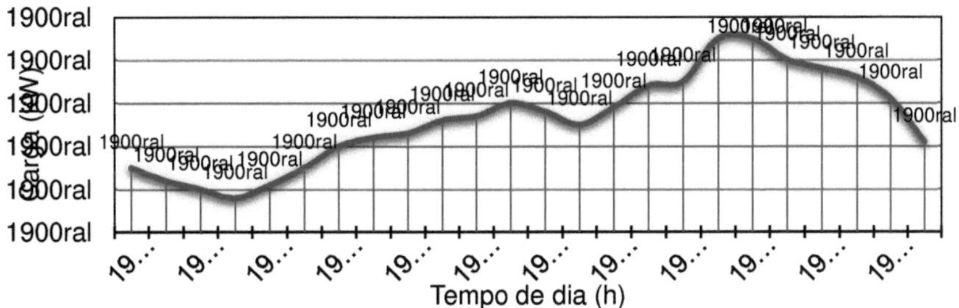

Figura 0.1314. Perfil de velocidade do vento

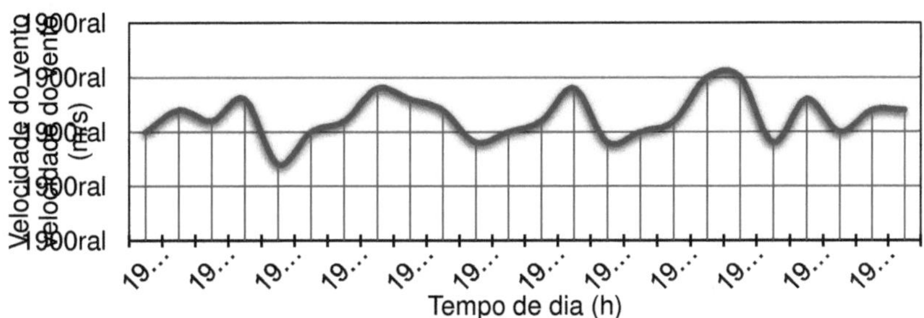

Figura 0.1516. Perfil solar

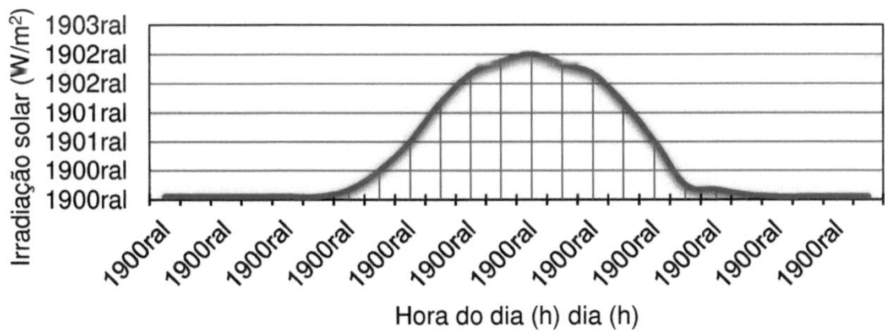

Agora, a partir dos perfis criados, são seleccionadas três horas diferentes no dia 6:00, 12:00 e 18:00 com as quais vamos obter os parâmetros de entrada para os três primeiros cenários de simulação. Isto foi feito através da localização dos valores de carga, sol e vento correspondentes a cada hora, como mostrado na Figura 0.14. O parâmetro do estado de carga da bateria foi definido para 100%.

A razão pela qual estas três horas do dia foram escolhidas é a carga exigida do RM, porque queremos saber como é o efeito na qualidade da energia nos casos em que a exigência do RM é mínima, média e alta.

Figura 0.1718. Cenários de simulação obtidos a partir de perfis de carga e geração.

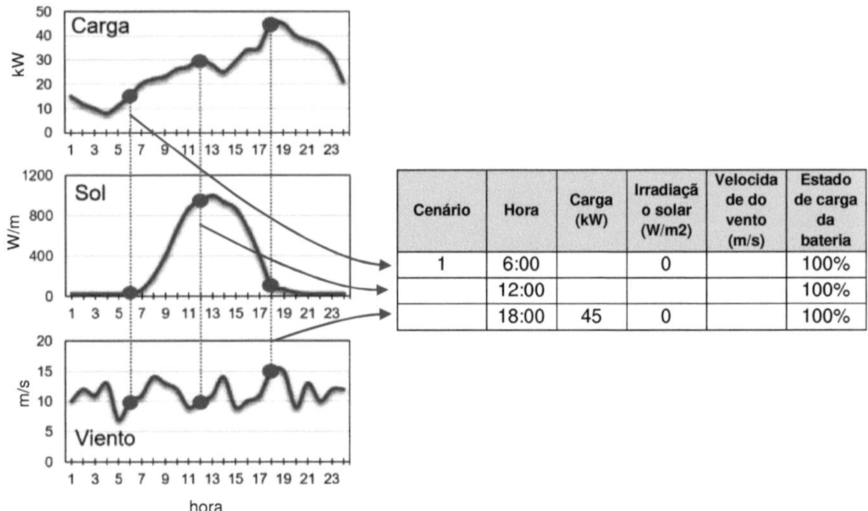

Cenário	Hora	Carga (kW)	Irradiação solar (W/m2)	Velocidade do vento (m/s)	Estado de carga da bateria
1	6:00		0		100%
	12:00				100%
	18:00	45	0		100%

Para além dos cenários de simulação obtidos na Figura 0.14, serão simulados cenários que não se enquadram num dia típico do RM mas que também podem ocorrer. A Quadro 0.1abaixo apresenta todos os cenários RM a serem simulados.

Quadro 0.1. Cenários e parâmetros de entrada para a simulação.

Cenário	Hora	Carga (kW)	Irradiação solar (W/m2)	Velocidade do vento (m/s)	Estado de carga da bateria
1	6:00		0		100%
	12:00				100%
	18:00	45	0		100%
	-		1000	0	100%
5	-		0		100%

Como mencionado acima, a simulação do MR será executada para medir, no PCC, os fenómenos de harmónicos (THDv e TDD), *cintilação* e injecção de corrente contínua.

1.11 RESULTADOS

Os resultados obtidos com o SimTR são apresentados abaixo. Para cada cenário, é apresentada uma tabela com os valores obtidos dos índices de qualidade de energia e é mostrado o painel de visualização RT-LAB com o fluxo de carga em estado estável do MR. A etapa de tempo seleccionada para o SimTR é 30 µs.

As fontes solares e eólicas geram tanta energia quanto possível, desde que haja irradiação solar e eólica (fontes não despacháveis). Seguem-se então as seguintes prioridades: 1º - banco de baterias e 2º - rede principal. Em caso de energia excedente, deve ser utilizada para carregar o banco de baterias.

Começamos a apresentar os resultados da qualidade de energia SDL com o MR desligado, estes seriam a linha de base do CPE, depois, continuamos a apresentar os resultados dos cenários 1 a 5.

Finalmente, é importante esclarecer que a componente de potência reactiva não está incluída no relatório de resultados porque são pequenos valores que não contribuem na análise dos resultados e nas conclusões dos capítulos 4 e 5, respectivamente.

Tabela 0.2. Resultados CPE de fundo SDL com o MR desconectado.

THDv (%)	TDD (%)	Flicker	Injecção DC (%)
0,07	0,08	0,014	0,084

1.11.1 Cenário 1: Comportamento às 6:00 da manhã. Procura mínima

Figura 0.19. Resultados da simulação para o cenário 1

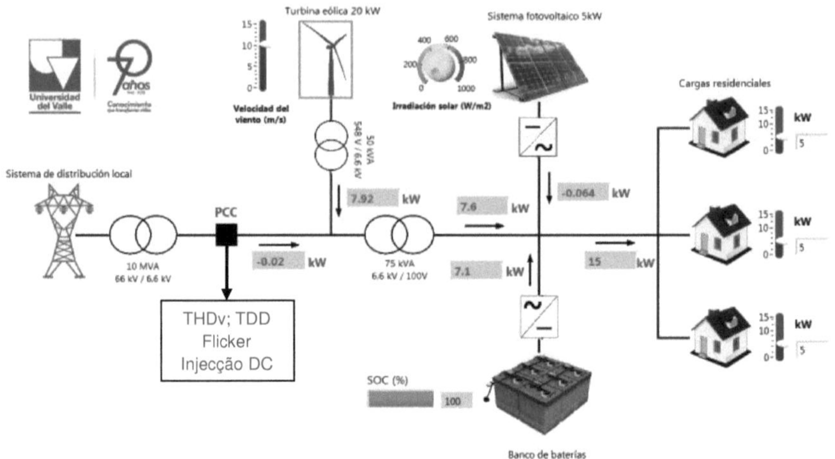

Tabela 0.3. Resultados da simulação para o cenário 1.

Carga (kW)	**Irradiação solar (W/m2)**	**Velocidade do vento (m/s)**	**Estado de carga da bateria**
	0		100%
Psolar (kW)	**Peólico (kW)**	**Baterias (kW)**	**Pred (kW)**
-0,06	7,92	7,1	0,0
THDv (%)	**TDD (%)**	**Flicker**	**Injecção DC (%)**
0,11	0,83	0,041	0,33

1.11.2 Cenário 2: Comportamento às 12:00 P.M. Procura média

Figura 0.20. Resultados da simulação para o cenário 2

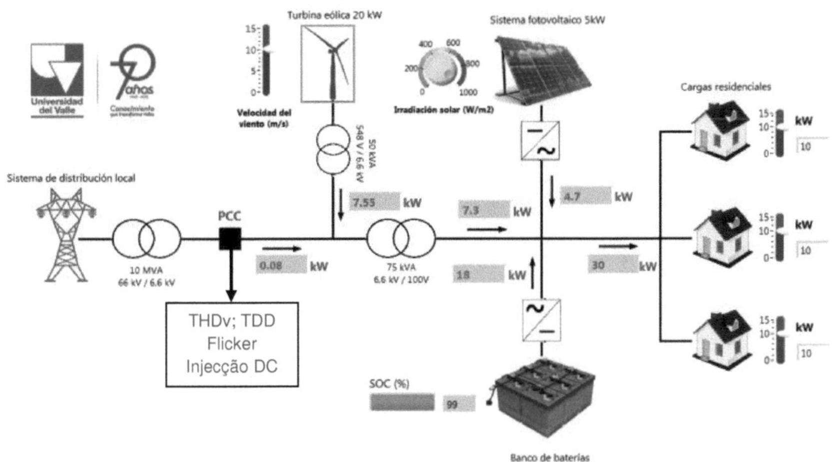

Tabela 0.4. Resultados da simulação para o cenário 2.

Carga (kW)	Irradiação solar (W/m2)	Velocidade do vento (m/s)	Estado de carga da bateria
			100%
Psolar (kW)	**Peólico (kW)**	**Baterias (kW)**	**Pred (kW)**
4,7	7,55		0,1
THDv (%)	**TDD (%)**	**Flicker**	**Injecção DC (%)**
0,11	1,42	0,0526	0,34

1.11.3 Cenário 3: Comportamento às 18:00 P.M. Pico de procura

Figura 0.21. Resultados da simulação para o cenário 3

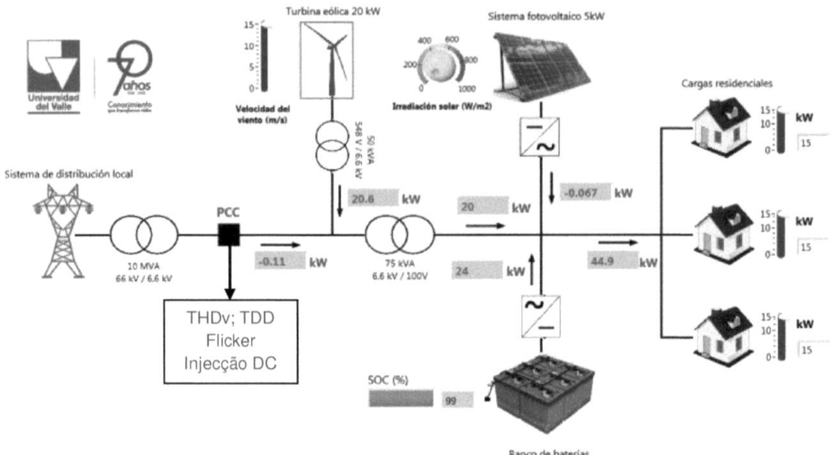

Tabela 0.5. Resultados da simulação para o cenário 3.

Carga (kW)	Irradiação solar (W/m2)	Velocidade do vento (m/s)	Estado de carga da bateria
45	0		100%
Psolar (kW)	**Peólico (kW)**	**Baterias (kW)**	**Pred (kW)**
-0,07	20,6		-0,1
THDv (%)	**TDD (%)**	**Flicker**	**Injecção DC (%)**
0,11	2,41	0,0536	0,31

Os resultados dos cenários 4 e 5 são apresentados abaixo. Para poupar espaço e uma vez que não é considerado necessário, as imagens do painel LABView do RM são omitidas.

Tabela 0.6. Resultados da simulação para o cenário 4.

Carga (kW)	Irradiação solar (W/m2)	Velocidade do vento (m/s)	Estado de carga da bateria
	1000	0	100%
Psolar (kW)	**Peólico (kW)**	**Baterias (kW)**	**Pred (kW)**
5,0	0,0	4,9	0,0
THDv (%)	**TDD (%)**	**Flicker**	**Injecção DC (%)**
0,11	1,00	0,0430	0,37

Tabela 0.7. Resultados da simulação para o cenário 5.

Carga (kW)	Irradiação solar (W/m2)	Velocidade do vento (m/s)	Estado de carga da bateria
	0		100%
Psolar (kW)	**Peólico (kW)**	**Baterias (kW)**	**Pred (kW)**
0,0	20,6	9,5	-0,1
THDv (%)	**TDD (%)**	**Flicker**	**Injecção DC (%)**
0,11	0,89	0,0422	0,26

Finalmente, a Figura 0.22apresenta um gráfico contendo as distorções harmónicas individuais da corrente como uma percentagem da corrente nominal para os cenários 1, 2 e 3. Por outro lado, dado que a distorção da tensão resulta em grande parte em conformidade com a norma, não é necessário apresentar o gráfico dos componentes harmónicos porque é indiscutível que estes cumprem a norma. A fim de cumprir a norma, é necessário verificar que nenhuma harmónica individual excede os limites estabelecidos no Quadro 0.2.

Figura 0.2223. Distorção individual da corrente harmónica.

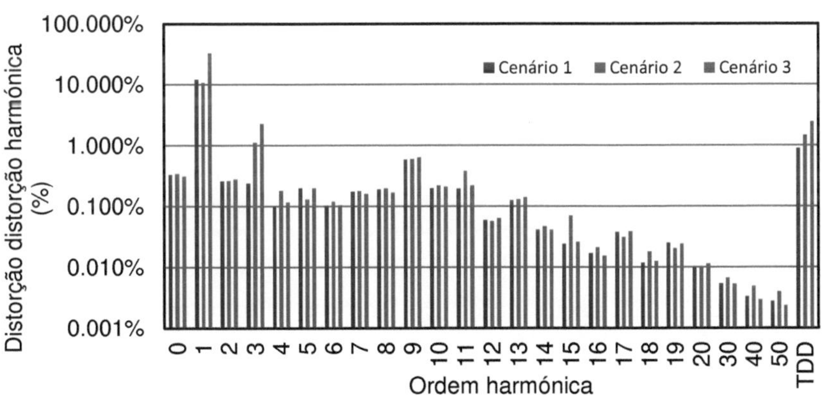

Fonte: própria.

SÍNTESE DOS RESULTADOS E AVALIAÇÃO DA QUALIDADE DA ENERGIA ELÉCTRICA EM MICRO-REDES

1.12 INTRODUÇÃO

Neste capítulo é apresentada uma síntese dos resultados obtidos no capítulo 3, os resultados do CPE estão relacionados com os limites exigidos nas normas e apoiados pela literatura revista, estes resultados são discutidos e interpretados para dar explicações sobre os comportamentos encontrados.

1.13 RESUMO DOS RESULTADOS

Os resultados do CPE para cada um dos cenários estão organizados abaixo e relacionados com os limites exigidos pelos regulamentos.

Tabela 0.1. Resultados obtidos com o trabalho de graduação.

Carga (kW)	Psolar (kW)	Peólico (kW)	Pbat (kW)	Pred (kW)	THDv (%)	TDD (%)	Flicker	Injecção DC (%)
SDL com MR Offline					0,07	0,08	0,014	0,08%
	-0,06	7,92	7,10	0,0	0,11 ✔	0,83 ✔	0,04✔	0,33%✔
	4,7	7,55	18,0	0,1	0,11 ✔	1,42 ✔	0,05✔	0,34%✔
45	-0,07	20,6	24,0	-0,1	0,11 ✔	2,41 ✔	0,05✔	0,31%✔
	5,0	0,0	4,9	0,0	0,11 ✔	1,00 ✔	0,04✔	0,37%✔
	0,0	20,6	9,6	0,2	0,11 ✔	0,89 ✔	0,04✔	0,26%✔
Limites exigidos pela norma					5%	5%	0,35	0,5%

Fonte: própria.

1.13.1 Discussão sobre a medição harmónica. Segundo a literatura revista [24], [32], [39], [62], [63], a presença de harmónicos é um dos fenómenos mais importantes no estudo da qualidade de energia e o seu estudo e avaliação é essencial para a interligação de novas fontes de energia não convencionais. A seguir, são discutidos os resultados obtidos em relação ao fenómeno harmónico e são apresentados os resultados.

1.13.1.1 Avaliação das harmónicas de tensão. Os harmónicos de tensão têm um baixo impacto devido à interligação do RM. O seu índice de medição THDv não variou consideravelmente devido à interligação do RM e manteve-se constante nos diferentes cenários simulados do RM, cumprindo os limites exigidos pelos regulamentos (Quadro 0.1). Através do presente estudo, verifica-se então que a tensão não sofre uma contaminação harmónica preocupante com a interligação do RM.

O índice THDv não variou ostensivamente uma vez que o RM está ligado a um nó de 6,6 kV, cuja tensão e frequência é imposta pela rede principal. Assim, supõe-se que a interligação do RM não gera uma grande preocupação no fenómeno das harmónicas de tensão.

1.13.1.2 Avaliação das harmónicas actuais. Os harmónicos actuais medidos pelo índice TDD, apresentam um impacto elevado contra a interligação do MR uma vez que o seu valor aumentou significativamente. Observando os resultados obtidos, o TDD varia de acordo com a potência fornecida pelas fontes de energia renováveis e pelo sistema de armazenamento.

Apesar do elevado impacto no TDD, este nunca excede os limites estipulados nos regulamentos, daí resulta que o MR tem um desenho óptimo em termos de atenuação harmónica e que pode ser visto nos seus elementos: o sistema fotovoltaico e o sistema de armazenamento têm um filtro LCL que ajuda a atenuar os harmónicos produzidos pelo inversor, além disso, ambos os sistemas têm condensadores de ligação que reduzem as flutuações naturais da geração, também, o sistema eólico tem uma carga trifásica equilibrada ao solo que permite equilibrar as tensões linha a linha.

Por outro lado, o facto de os harmónicos actuais cumprirem os regulamentos não significa que não sejam uma fonte de preocupação para os RMs. O facto de o seu valor aumentar juntamente com a penetração das energias renováveis e do banco de baterias, evidencia o problema referido por vários autores na literatura já revista [32], [34], [64]. Os resultados indicam que o fenómeno das harmónicas actuais tende a agravar-se juntamente com o aumento da penetração de fontes de energia não convencionais, pelo que é necessário prestar a devida atenção a este fenómeno para estudos futuros.

Finalmente e com base na Figura 0.22, os resultados indicam que os terceiro e nono harmónicos são relativamente grandes, portanto, se necessário, o primeiro passo para reduzir o conteúdo harmónico do sinal seria instalar um filtro apropriado para reduzir o terceiro e nono harmónicos.

1.13.2 Discussão da medição Flicker. O fenómeno da *cintilação* tem um impacto médio na interconexão da RM. Os resultados obtidos, medidos pelo índice Pst, cumprem com as normas IEEE Std 1547 de 2018 e indicam que o estudo de caso RM não apresenta problemas devido a este fenómeno. Isto deve-se ao facto de o seu valor não ter variado consideravelmente devido à interligação do RM e ter permanecido sem variações significativas nos diferentes cenários simulados.

1.13.3 Discussão da medição da injecção DC. O fenómeno da injecção DC apresenta um impacto elevado antes da interconexão da RM dado o aumento considerável do seu valor. Os resultados do fenómeno da injecção DC cumpriram sempre a norma IEEE Std 1547 de 2018 e não apresentaram variações significativas antes dos diferentes cenários, no entanto, o seu valor esteve sempre próximo do limite exigido pela norma, pelo que lhe deve ser dada a devida atenção.

1.14 AVALIAÇÃO DA QUALIDADE DA ENERGIA ELÉCTRICA NO ESTUDO DE CASO DA MICRO-REDE

Na literatura revista existem múltiplos estudos de qualidade de energia dirigida às energias renováveis e RMs, a partir dos resultados obtidos durante o estudo deste RM, foram encontradas múltiplas semelhanças com estes estudos que apoiam os comportamentos encontrados.

Os harmónicos actuais são um dos mais importantes problemas de qualidade de energia enfrentados pelos RMs e integração de fontes de energia renováveis, o presente estudo, documentos [34], [62], [64] e o guia de aplicação 2008 IEEE 1547.2 [37] apoiam a afirmação acima referida. Tal como [34] verifica-se que a terceira corrente harmónica é relativamente elevada e que deve ser dada especial atenção. Do mesmo modo, através deste trabalho de graduação e da literatura revista, verifica-se que os harmónicos e o índice TDD actuais aumentam com o nível de penetração das fontes renováveis, isto pode ser assumido pela observação dos resultados dos 5 cenários.

A partir dos resultados obtidos, o fenómeno da injecção DC mostra um impacto elevado devido à interligação da MR, no entanto, este fenómeno não é estudado com a mesma frequência que os harmónicos actuais na literatura revista, excepto no que diz respeito às normas, pelo que deve ser dada mais atenção a este fenómeno nos estudos de qualidade de energia.

Se analisar o modelo do estudo de caso MR, pode ver um desenho elaborado que assegura o funcionamento adequado da rede, isto é apoiado pelo facto de o MR incorporar múltiplos elementos tais como um filtro de terceira ordem no sistema fotovoltaico e banco de baterias, condensadores de ligação e acções de controlo rápido para inversores, que ajudam a manter um serviço de energia adequado.

A partir dos resultados e da literatura revista, verifica-se que a penetração da energia fotovoltaica e eólica gera problemas de qualidade de energia [9]-[11], [24], [34], contudo, não é especificado um nível de potência ou uma condição técnica a partir da qual os problemas da EPC começam a ocorrer. Por outras palavras, não há nenhuma equação ou lei que permita saber a partir de que ponto de penetração a norma começa a ser violada, pois depende de parâmetros específicos de cada sistema, pelo que é sempre necessário realizar um estudo de qualidade de energia antes da sua interligação, para assegurar o cumprimento das normas de qualidade de energia IEEE 519 de 2014 e NTC 5001 de 2008, [22], [23].

O quadro 0.2 abaixo apresenta um resumo do impacto sobre os fenómenos mais relevantes e os seus efeitos da integração do estudo de caso RM no sistema de distribuição local.

Quadro 0.2. Principais fenómenos e efeitos de qualidade de energia antes da interligação do estudo de caso RM.

Fenómenos de qualidade de energia	Impacto	Efeitos no estudo de caso RM
Harmónicos actuais	Alto	Sobreaquecimento dos transformadores, que sobreaquece os condutores neutros. Isto pode causar tropeços errados do circuito devido a sobre-corrente e pode causar o mau funcionamento de outros equipamentos electrónicos.
Harmónicos de tensão	Em	Não tem qualquer efeito perceptível.
Flicker	Médio	As flutuações sobre cargas leves podem ser perceptíveis para o cliente.
Injecção DC	Alto	Saturação do núcleo do transformador causando a injecção de harmónicos de corrente.

Fonte: própria.

O principal impacto devido à interligação de MR é a harmónica de corrente e a injecção DC, o tipo e a gravidade da poluição harmónica deve-se principalmente à tecnologia do conversor electrónico de energia, à sua filtragem e configuração de interligação. De acordo com o guia de aplicação da norma, existem preocupações sobre a contribuição harmónica que os inversores podem injectar no sistema eléctrico. No entanto, o problema foi reduzido porque os novos inversores são concebidos com tecnologias de estado sólido que utilizam a modulação PWM para o seu funcionamento. Estes novos inversores são capazes de gerar uma produção limpa e que normalmente cumpre os requisitos da IEEE Std 1547 de 2018, [37].

Estão actualmente a surgir novas tecnologias como resposta aos impactos negativos gerados pela interligação de energias renováveis. Entre as novas tecnologias mais utilizadas encontram-se filtros e inversores inteligentes.

1.15 CONCLUSÕES

- Este trabalho de grau avalia o impacto na qualidade da energia eléctrica causado pela interligação de um MR a um sistema de distribuição. A simulação em tempo real e o Matlab foram utilizados como ferramentas para realizar o estudo, aplicando normas nacionais e internacionais de qualidade de energia.

- O procedimento e a metodologia utilizados no estudo têm um valor de referência para a avaliação da qualidade de energia das micro-redes no futuro. Actualmente, na Colômbia, os operadores de rede requerem um estudo de ligação à DG antes da interligação ao sistema de distribuição, aqui adquire maior importância o trabalho de graduação desenvolvido.

- Os harmónicos de tensão tiveram um baixo impacto devido à interligação do MR. O seu índice, THDv, permaneceu constante nos diferentes cenários simulados e cumpriu uma ampla margem com os limites exigidos pelos regulamentos.

- A interligação do MR ao sistema de distribuição produziu um elevado impacto nos harmónicos actuais. O seu índice TDD mostrou variações significativas a diferentes níveis de penetração de fontes renováveis e do banco de baterias, no entanto, o fenómeno cumpriu sempre os limites estabelecidos nos regulamentos.

- A terceira e a nona harmónica da corrente são relativamente grandes, pelo que devem ser tidas em conta para a instalação de um possível filtro, se necessário.

- O fenómeno da injecção DC apresentou um impacto elevado na interligação MR, obtendo valores elevados (0,37%) e próximos do limite exigido pela norma (0,5%). Este fenómeno deve ser objecto de atenção especial para estudos de qualidade de energia.

- O fenómeno de *cintilação* apresentou um impacto médio perante a interligação MR, os seus resultados cumprem os requisitos da norma IEEE Std 1547 de 2018 e não apresenta uma preocupação especial para qualquer cenário.

- O índice de Distorção Harmónica Total (THD) só é válido para a medição de harmónicos de tensão, no caso de corrente há duas opções: Distorção da Procura Total (TDD) e Distorção Total Nominal (TRD).

- Dado o crescimento na implementação de energias renováveis e RM a nível mundial, o problema dos harmónicos actuais e da injecção de CD será muito mais grave e, portanto, deve ser dada a atenção necessária, uma vez que se observa um impacto elevado antes da interligação do RM.

- A simulação em tempo real poupa muito tempo em comparação com a simulação off-line, observou-se que a execução de um minuto de um cenário de teste do RM, o tempo de simulação off-line foi de 4 horas, enquanto que, com o simulador em tempo real, o tempo de simulação foi reduzido para 1 minuto.

- O SimTR permitiu que as simulações de um RM fossem executadas fácil e rapidamente e que os dados de tensão e corrente fossem exportados para o MATLAB, onde foi realizada uma análise detalhada dos dados para calcular os índices de CPE do RM.

1.16 RESULTADOS OBTIDOS

- Algoritmo desenvolvido em Matlab para análise da qualidade de energia aplicando as normas IEEE Std 519 de 2018 e IEEE Std 1547 de 2018.
- Painel de visualização MR criado no LABView para operar e controlar uma micro-rede.
- Procedimento para realizar um estudo de qualidade de energia eléctrica utilizando simulação em tempo real.
- Este documento apresenta os fenómenos de qualidade de energia mais importantes face à interligação de micro-rede e mostra o impacto sobre eles.

1.17 FUTUROS TRABALHOS

- Avaliar a qualidade da energia eléctrica num RM utilizando inversores inteligentes.
- Avaliar a qualidade da energia eléctrica num RM utilizando um medidor de qualidade de energia física que pode ser interligado numa configuração de hardware no circuito para a medição de sinais através de simulação em tempo real.
- Avaliar a qualidade da energia eléctrica numa RM ou DG onde os resultados obtidos através de simulação em tempo real podem ser comparados com os resultados obtidos no campo de um projecto real.

BIBLIOGRAFIA

[1] U. S. de I. Eléctrico, "Informe Mensual De Variables De Generación Y Del Mercado Eléctrico Colombiano - Agosto De 2018 Subdirección De Energía Eléctrica - Grupo De Generación," 2018.

[2] C. GACÍA ARBELAÉZ, G. VALLEJO, M. Lou HIGGINS, e E. M. ESCOBAR, *El Acuerdo De París Así Actuará Colombia Frente Al Cambio Climático*. 2016.

3] IRENA, IEA, e REN21, *Políticas de Energias Renováveis em Tempo de Transição*. 2018.

[4] T. Ackermann, "Distributed Generation : A Definition", vol. 7796, no. Agosto 2016, pp. 195-204, 2001.

5] G. Pepermans, J. Driesen, D. Haeseldonckx, R. Belmans, e W. D'haeseleer, "Distributed generation: Definição, benefícios e questões", *Energy Policy*, vol. 33, no. 6, pp. 787-798, 2005.

[6] L. Mehigan, J. P. Deane, B. P. Ó. Gallachóir, e V. Bertsch, "A Review of the role of Distributed Generation (DG) in Future Electricity Systems", *Energy*, 2018.

[7] D. Trebolle, "La generación distribuida en España", p. 163, 2006.

[8] A. R. Hernández, *La Generación Distribuida Y Su Posible Integración Al Sistema Interconectado Nacional*. 2009.

[9] J. H. R. Enslin e P. J. M. Heskes, "Harmonic interaction between a large number of distributed power inverters and the distribution network", *IEEE Trans. Power Electron.*, vol. 19, no. 6, pp. 1586-1593, 2004.

[10] L. E. Luna, H. Torres, e A. Pavas, "Integração da Geração Fotovoltaica numa Micro-rede": Análise da Reserva Giratória", *Simp. Int. Sobre Calid. la Energía Eléctrica VII*, pp. 1-7, 2013.

[11] J. Montaña e J. Osorio, "Active power filter with selective control for reducing harmonic in photovoltaic systems", in *VIII Simposio Internacional sobre Calidad de la Energía Eléctrica*, 2013, pp. 1-6.

[12] S. M. Ismael, S. H. E. Abdel Aleem, A. Y. Abdelaziz, e A. F. Zobaa, "Estado-da-arte da capacidade de acolhimento em sistemas de energia modernos com geração distribuída", *Renovação. Energy*, vol. 130, pp. 1002-1020, 2019.

[13] L. Xu, Z. Miao, L. Fan, e G. Gurlaskie, "Unbalance and harmonic mitigation using battery inverters," *2015 North Am. Power Symp. NAPS 2015*, pp. 1-6, 2015.

[14] I. Vechiu, A. Etxeberria, e Q. Tabart, "Power quality improvement using an advanced control of a four-leg multilevel converter", *2015 IEEE 16th Work. Modelo de controlo. Power Electron.*, não. Figura 1, pp. 1-6, 2015.

[15] IEEE, *IEEE Std 1547 - 2018 Standard for Interconnection and Interoperability of Distributed Energy Resources with Associated Electric Power Systems*

Interfaces, no. Fevereiro. 2018.

[16] R. H. Lasseter, "MicroGrids," *2002 IEEE Power Eng. Soc. Winter Meet. Conf. Proc. (Cat. No.02CH37309)*, vol. 1, pp. 305-308, 2002.

[17] N. Hatziargyriou, H. Asano, R. Iravani, e C. Marnay, "Microgrades", no. augusto, 2007.

[18] F. Martin-martínez e M. Rivier, "A literature review of Microgrids : A functional layer based classifi cation," vol. 62, pp. 1133-1153, 2016.

[19] L. Y. Lu, J. H. Liu, C. C. Chu, Y. C. Wu, e P. T. Cheng, "Simulações em tempo real de um sistema de micro-redes em escala laboratorial em Taiwan", *2012 IEEE 13th Work. Modelo de controlo. Power Electron. COMPEL 2012*, pp. 1-8, 2012.

[20] J. a. Martinez, F. de Leon, a. Mehrizi-Sani, M. H. Nehrir, C. Wang, e V. Dinavahi, "Tools for Analysis and Design of Distributed Resources-Part II: Tools for Planning, Analysis and Design of Distribution Networks With Distributed Resources," *IEEE Trans. Power Deliv.* , vol. 26, no. 3, pp. 1653-1662, 2011.

[21] D. Li e Z. Q. Zhu, "A Novel Integrated Power Quality Controller for Microgrid", *IEEE Trans. Ind. Electron.* , vol. 62, no. 5, pp. 2848-2858, 2015.

[22] J. Cheng, CEng, CEM, CEA, e CMVP, "IEEE Standard 519-2014", *Schneider Electr.* , p. 50, 2014.

[23] I. Instituto Colombiano de Normas Técnicas e Certificação, *Norma Técnica Colombiana - NTC 5001. Qualidade da energia eléctrica. Limites e metodologia de avaliação no ponto de ligação comum.* N.º 571. 2008.

[24] M. T. Arif, A. M. T. Oo, e A. Stojcevski, "Impacts of distributed generators on utility grid - An experimental and simulation analysis BT - 24th Australasian Universities Power Engineering Conference, AUPEC 2014, 28 de Setembro, 2014 - 1 de Outubro, 2014," p. ABB; Australian Power Institute (API); Curtin Univ, 2014.

[25] K. Mentesidi, E. Rikos, e V. Kleftakis, "Técnica de Simulação em Tempo Real de um Modelo de Micro-rede para Penetração de DER", *EAI Endossou Trans. Energy Web*, vol. 1, no. 2, p. e2, 2014.

[26] E. M. Gulachenski, *Advanced Power Quality Analysis*, no. Curso, Engenheiros de Auto-estudo, Electrónica. Institute of Electrical and Electronics Engineers, Inc., 2000.

[27] B. Kroposki, R. Lasseter, T. Ise, S. Morozumi, S. Papathanassiou, e N. Hatziargyriou, "Making microgrids work," *IEEE Power Energy Mag.* , vol. 6, no. 3, pp. 40-53, 2008.

[28] Ministério de Minas e Energia, "Resolução n.º 030 de 2018 - Regulacion de autogeneracion a pequeña escala y generación distribuida en el Sistema Interconectado Nacional", p. 27, 2018.

[29] C. do Regulamento de Energia e Gás, "Resolução n.º 127 de 2018", p. 26, 2018.

[30] G. C. Nacional e D. Direcci, "Estudos de Segurança de Conteúdo de Fontes de Energia Renováveis Não Convencionais", 2017.

31] Comissão Reguladora da Energia e Gás, "Power Quality," *Comissão Reguladora da Energia e Gás. Energy and Gas*, vol. CREG-017, p. 22, 2005.

[32] R. Tonkoski, D. Turcotte, e T. H. M. El-Fouly, "Impact of high PV penetration on voltage profiles in residential neighborhoods", *IEEE Trans. Sustain. Energy*, vol. 3, no. 3, pp. 518-527, 2012.

[33] P. M. Ivry, D. W. P. Thomas, e M. Sumner, "Assessment of Power Quality in a Microgrid with Power Electronic Converters", no. 1, pp. 825-827, 2016.

[34] J. Wang, X. Du, G. Li, e G. Yang, "Harmonic Analysis of the Interconnection of Wind Farm", pp. 1031-1038, 2011.

[35] M. J. Ortega, J. C. Hernández, e O. G. García, "Measurement and assessment of power quality characteristics for photovoltaic systems : Harmónicos , cintilação, desequilíbrio e variações lentas de tensão ଝ," vol. 96, pp. 23-35, 2013.

[36] D. Kumar, F. Zare, e S. Membro, "SPECIAL SECTION ON POWER QUALITY AND HARMONICS ISSUES OF FUTURE DC Microgrid Technology : Architectures System Architectures , AC Grid Interfaces , Grounding Schemes , Power Quality , Communication Networks , Applications , and Standardizations Aspects," vol. 5, 2017.

[37] D. Generation, E. Storage, E. Engineers, T. P. Avenue, e S. Licensing, *IEEE P1547 . 2 TM / D 7 Draft Application Guide for IEEE Std 1547 , Standard for Interconnecting Distributed Resources With Electric Power Systems*, no. Março. 2007.

[38] P. P. em E. Systems, "Power Quality Basics": Flutuações de Tensão e Flicker", 2011. [Online]. Disponível: http://www.powerqualityworld.com/2011/09/voltage-fluctuations-flicker.html. [Acesso: 28-Mar-2019].

[39] P. M. Ivry, D. W. P. Thomas, e M. Sumner, "Assessment of power quality in a microgrid with power electronic converters", *2016 Asia-Pacific Int. Symp. Electromagn. Compat.* , no. 1, pp. 825-827, 2016.

[40] Selectricidade, "Análise de Distorção Harmónica". [Online]. Disponível: http://selectricity.com/harmonicdistortionanalysis.html. [Acesso: 07-Ago-2018].

[41] I. P. e E. Society, *IEEE 1453 - Recommended Practice for the Analysis of Fluctuating Installations on Power Systems*, vol. 2015. 2015.

[42] A. Yamane e S. Abourida, "Real-time simulation of distributed energy systems and microgrids," *2015 Int. Conf. Sustentar. Mobil. Aplic. Renewables Technol.* , pp. 1-6, 2015.

[43] OPAL-RT, "DEMO: Opal-RT Solution for Microgrid Applications", *2018-07-09*. [Online]. Disponível em: https://www.opal-rt.com/support-knowledge-base/?article=AA-01511. [Acesso: 09-Out-2018].

[44] H. Actual, D. C. Link, B. T. Colella, e E. Manager, "How to Select a DC Link Capacitor", pp. 1-4, 2016.

45] Rashid, *Power Electronics - Circuitos, dispositivos e aplicações*. México: Pearson Educación, 2004.

[46] The MathWorks Inc., "Single-Phase, 240 Vrms, 3500 W Transformerless Grid-Connected PV Array," *Documentação*, pp. 1-2, 2016.

[47] M. Ciobotaru, R. Teodorescu, e F. Blaabjerg, "Melhoria das estruturas PLL para inversores de rede monofásicos", *Proc. Power Electron. Intell. Control Energy Conserv. Conf.* , não. Fevereiro, pp. 1-6, 2005.

[48] A. E. W. H. Kahlane, L. Hassaine, e M. Kherchi, "LCL filter design for photovoltaic grid connected systems", *Third Int. Semin. new Renew. energy*, vol. 8, no. 2, pp. 227-232, 2014.

[49] W. Grainger, John; Stevenson, "Power Systems Analysis". McGraw-Hill, México, 1996.

[50] N. A. Patel e J. C. Baria, "A Hysteresis Current Control Technique for Electronics Convertor", pp. 2203-2210, 2016.

[51] P. Qian e Y. Zhang, "Study on Hysteresis Current Control and Its Applications in Power Electronics *," *Lnee*, vol. 97, pp. 889-895, 2011.

[52] J. James e M. Durango, "Hysteresis control of current in active power filters," 2008.

[53] S. Mikkili, A. K. Panda, e J. Prattipati, "Review of Real-Time Simulator and the Steps Involved for Implementation of a Model from MATLAB/SIMULINK to Real-Time," *J. Inst. Eng. Ser. B*, vol. 96, no. 2, pp. 179-196, 2015.

[54] J. Bélanger, P. Venne, e J. Paquin, "The What, Where and Why of Real-Time Simulation", *Planet RT*, pp. 37-49, 2010.

[55] A. S. Vijay, S. Doolla, e M. C. Chandorkar, "Real-Time Testing Approaches for Microgrids", *IEEE J. Emerg. Sel. Top. Power Electron.* , vol. 5, não. 3, pp. 1356-1376, 2017.

[56] OPAL-RT TECHNOLOGIES, "Software-in-the-loop," 2018. [Online]. Disponível: https://www.opal-rt.com/software-in-the-loop/. [Acesso: 14-Out-2018].

[57] PTI-SA, "Real-time laboratory," 2018. [Online]. Disponível: https://www.pti-sa.com.co/laboratorio-rt.

[58] OPAL RT, "Soluções de Simulação em Tempo Real para Redes de Energia e Electrónica de Energia". 2017.

[59] ICONTEC, "NTC-IEC 61000-4-15," não. 571, 2013.

[60] IEEE Standards Coordinating Committee 21, *IEEE Std 1547.1-2005: Standard Conformance Equipment Interconnecting Distributed Resources with Electric Power Systems*, no. Julho. 2005.

[61] P. Faria, Z. A. Vale, H. M. Khodr, e H. Morais, "Optimal scheduling of a renewable microgrid in an isolated load area using mixed-integer linear programming", vol. 35, pp. 151-156, 2010.

[62] S. V. S. Kumary, V. A. A. M. T. Oo, G. M. Shafiullah, e A. Stojcevski, "Modelação e análise da qualidade de energia de um sistema solar fotovoltaico ligado à rede", *2014 Australas. Univ. Power Eng. Conf.* , não. Outubro, pp. 1-6, 2014.

[63] W. Ruiqi, J. Zhanxin, L. Sun, W. Zhaoxin, J. Wenjuan, e C. Yan, "Power Quality Control Strategy of Islanding Microgrid Under Distorted and Unbalanced Conditions", pp. 559-566, 2014.

64] G. Seritan, I. Tristiu, O. Ceaki, e T. Boboc, "Power quality assessment for microgrid scenarios", *Proc. 2016 Int. Conf. Expo. Electr. Power Eng. EPE 2016*, não. Epe, pp. 723-727, 2016.

A.1 ALGORITMO DESENVOLVIDO EM MATLAB

A seguir, é apresentado um diagrama mostrando o algoritmo desenvolvido em Matlab. Após a figura, é apresentado o algoritmo desenvolvido.

Figura A. 1. diagrama de blocos do algoritmo desenvolvido em Matlab.

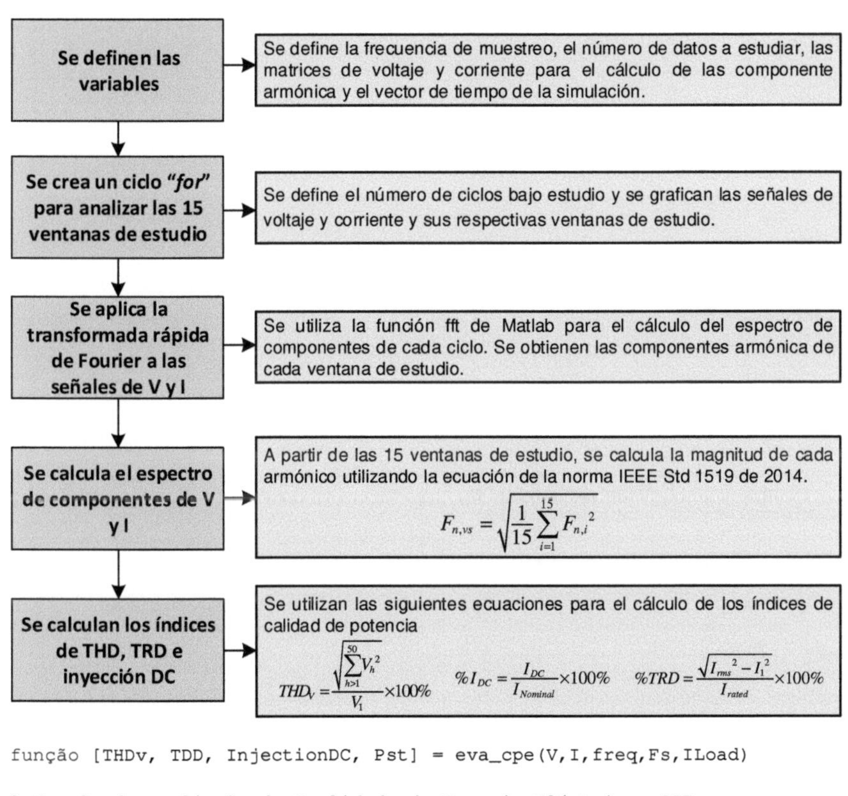


```
função [THDv, TDD, InjectionDC, Pst] = eva_cpe(V,I,freq,Fs,ILoad)

% Função de avaliação da Qualidade da Energia Eléctrica, CPE
IEEE Std 1547 de 2018 e IEEE Std 519 de 2014 foram aplicadas.
Criador: Juan Geronimo Villarreal M - Universidad del Valle
%
Esta função implementa um medidor de qualidade de energia de acordo com
% [1] y [2]. O Matlab com a Caixa de Ferramentas de Processamento de Sinal
instalada é necessário. Ver
medir os fenómenos de harmónicos, cintilação e injecção de corrente
contínua.
Para o fenómeno da cintilação foi utilizada outra função de carácter.
público e descarregado directamente do sítio Web da MathWorks [3].
%
%
```

```
%Entries:
   V: vector com a tensão amostrada a ser analisada.
   I: vector com a corrente amostrada a ser analisada
%   freq: frequência do sistema em Hz (50 ou 60 Hz)
%   Fs: frequência de amostragem dos vectores de tensão e corrente
ILoad %   : a corrente de carga máxima de procura no PCC para o cálculo do
TDD
%
%Efecções:
%   THDv: Distorção Harmónica Total de Tensão
   TDD %: Distorção Total da Corrente Nominal
%   injecção DC: Componente DC da corrente
%   Pst: cintilação a curto prazo
%
%
%Referências:
% [1] IEEE Std 1547 - 2018. Norma para Interligação e Interoperabilidade
%       de Recursos Energéticos Distribuídos.
% [2] IEEE Std 1547 - 2018. Prática e requisitos recomendados para
% Controlo      Harmónico em Sistemas de Energia Eléctrica.
% [3] https://la.mathworks.com/matlabcentral/fileexchange/24423-
flickermeter-simulator
%
%===========================================================================
==========

%% Verificação das entradas

se (nargin ~= 5)
 erro('Número inválido de argumentos');
fim

se (~isvector(V) || ~isvector(I))
 erro('As duas primeiras entradas devem ser vectores');
fim
% converter para vector de linha, se necessário
V = reformular(V,1,comprimento(V));
I = reformular(I,1,comprimento(I));

se ((freq ~= 50) && (freq ~= 60))
 erro('A frequência deve ser de 50 ou 60 Hz');
fim

se (Fs < 2000)
 aviso ('A taxa de amostragem deve ser superior a 2000 Hz');
fim

%% Declaração variável

Ts=1/Fs;    Tempo de simulação
L = comprimento(V);    Número de dados a analisar a partir do sinal
MagnitudeV = [];    % Voltagem e matrizes de corrente para a...
MagnitudeI = [];    % espectro componente das 15 janelas
FV = zeros(51,3);   % Matrizes de tensão e corrente necessárias...
FI = zeros(51,3);   % para cálculo de harmónicos
t = (0:L-1)*Ts;     % Vector temporal utilizado para gráficos


%% Janela de estudo

tini =6;
Ciclos = 180;
```

```
Lini = redondo(tini/Ts);
Empréstimo = redondo(Lini + ((Ciclos/freq)/Ts)));
Longo = Lend-Lini;
tstudy = t(1,Lini:Lend);
Vstudy(1:Long+1) = V(Lini:Lend);
Istudy(1:Long+1) = I(Lini:Lend);
I_mean=mean(I);
V_rms=sqrt(mean(Vstudy.^2)));


%% Análise dos 15 ciclos - Transformada Discreta de Fourier

para i=0:14

 tstart= tini+0,2*i;   % Hora de início da análise
 Lstart = redondo(tstart/Ts); % Dados onde a análise começa
 Número de ciclos = 12;   ciclos de estudo
 Lfin = redondo(Lstart+((Numcycles/freq)/Ts));      % Dados finais
 Lnew = Lfin-Lstart;   % Dados de análise em cada janela
 tcycle = t(1,Lstart:Lfin);              % Análise vector tempo
 Vcycle (1:Lnew+1) = V(Lstart:Lfin); % Janela de Estudo de Sinal
 Icycle (1:Lnew+1) = I(Lstart:Lfin); % Janela de estudo do sinal


 %Cartão
 figura(1)
 subplot(2,1,1)

parcela(t(1:L),V(1:L),tstudy(1:Long+1),Vstudy(1:Long+1),tcycle(1:Lnew+1),Vc
ycle(1:Lnew+1))
 título(['VOLTAGEM']);
 xlabel('t (segundos)');
 ylabel('Voltagem (V)');

 %Cartão
 figura(1)
 subplot(2,1,2)

parcela(t(1:L),I(1:L),tstudy(1:Long+1),Istudy(1:Long+1),tcycle(1:Lnew+1),Ic
ycle(1:Lnew+1))
 título(['CORRENTE']);
 xlabel('t (segundos)');
 ylabel('Actual (A)');


 Transformada de Fourier para Tensão
     VY = fft(Vcycle(1:Lnew+1));
     VP2 = abs(VY/Lnew);
 VP1 = VP2(1:round(Lnew/2)+1));
     VP1(2:end-1)=2*VP1(2:end-1);

 Vf=(Fs/Lnew)*(0:(round(Lnew/2)))

 %%%Fourier transformam para corrente
     IY = fft(Icycle(1:Lnew+1));
 IP2 = abs(IY/Lnew);
 IP1 = IP2(1:round(Lnew/2)+1));
     IP1(2:end-1)=2*IP1(2:end-1);

     If=(Fs/Lnew)*(0:(round(Lnew/2)))
```

```
 Matrizes com a magnitude de cada harmónica em 15 janelas
 j=0;

 para h=1:12:601;
         j=j+1;
 se h===1
 MagnitudeV(j,i+1)=VP1(h)/sqrt(2);
 MagnitudeI(j,i+1)=IP1(h)/sqrt(2);
 senão
 MagnitudeV(j,i+1)=(VP1(h)+VP1(h-1)+VP1(h+1))/sqrt(2);
 MagnitudeI(j,i+1)=(IP1(h)+IP1(h-1)+IP1(h+1))/sqrt(2);
 fim
 fim
fim

%% Agregação harmónica IEEE 519 - 2014; H Magnitudes

para h=1:51;
 para i=1:15;
         FV(h)= FV(h)+ MagnitudeV(h,i)^2;
         FI(h)= FI(h)+ MagnitudeI(h,i)^2;
 fim
     HV(h) = sqrt((1/15)*FV(h));
     HI(h) = sqrt((1/15)*FI(h));
fim

%%% Numerador THD
HV(52) = 0;
HI(52) = 0;


para i=3:51;
 HV(52) = HV(52) + HV(i)^2;
 HI(52) = HI(52) + HI(i)^2;
 PercentagemV(i)=(HV(i)/HV(2))*100;
 PercentagemI(i)=(HI(i)/ILoad)*100;
fim

PercentagemI(1)=(HI(1)/ILoad)*100;
PercentagemI(2)=(HI(2)/ILoad)*100;
PercentagemV(52)=(sqrt(HV(52))/HV(2))*100;
PercentagemI(52)=(sqrt(HI(52))/ILoad)*100;

Revisão da Distorção Harmónica Individual baseada nas normas
para i = 1:51;
 se ((PercentagemV(i) > 3) && (i ~= 2)));
 aviso ('Harmonic %i voltage exceeds the 2014 IEEE Std 519 standard limit
of 3%%', i);
 fim

 if ((PercentagemI(i) > 4) && (i < 12) && (i ~= 2))
 aviso ('Harmonic %i current exceeds the 2018 IEEE Std 1547 standard limit
of 4%%', i);
 fim
 if ((PercentagemI(i) > 2,0) && (i >= 12) && (i < 18)))
 aviso ('Harmonic %i current exceeds the 2018 IEEE Std 1547 standard limit
of 2%%', i);
 fim

 if ((PercentagemI(i) > 1,5) && (i >= 18) && (i < 24)))
 aviso ('Harmonic %i current exceeds the 2018 IEEE Std 1547 standard limit
of 1,5%%', i);
```

```
 fim

 if ((PercentI(i) > 0,6) && (i >= 24) && (i < 36)))
 aviso ('Harmonic %i current exceeds the 2018 IEEE Std 1547 standard limit
of 0,6%%', i);
 fim

 if ((PercentI(i) > 0,3) && (i >= 36) && (i < 51)))
 aviso ('Harmonic %i current exceeds the 2018 IEEE Std 1547 standard limit
of 0,3%%', i);
 fim
fim


%% Cálculos da qualidade final da energia

%%%%%% THD
THDv =(sqrt(HV(52))/HV(2))*100;
THDi =(sqrt(HI(52))/HI(2))*100;

%%%%% TRD
TDD(1)=(sqrt(HI(52))/ILoad)*100;

%%%%% DC injecção
InjectionDC(1)=(HI(1)/ILoad)*100;

%%%%%% Flicker
[Pst,s]=flicker_sim(V(1:end),33333,60,120);


fim %Fim da função eva_cpe
```

Printed by Books on Demand GmbH, Norderstedt / Germany